U0262589

低能耗多功能轻小型移动式
喷灌机组优化设计与试验研究

涂琴 李红 王新坤 著

科学出版社

北京

内 容 简 介

本书是作者多年从事新型喷灌装备设计理论与技术研究工作的总结。全书共分为 8 个章节。包括轻小型移动式喷灌机组概述、低能耗多功能轻小型移动式喷灌机组设计、轻小型移动式喷灌机组单目标优化、综合评价指标体系与方法、轻小型移动式喷灌机组多目标优化配置研究、轻小型移动式喷灌机组多目标优化配置实例、轻小型移动式喷灌机组田间试验研究、轻小型移动式喷灌机组发展方向探讨等。

本书可供从事喷灌技术及节水灌溉研究工作的工程技术人员、高等学校相关专业的师生以及家庭农场建设技术人员参考。

图书在版编目(CIP)数据

低能耗多功能轻小型移动式喷灌机组优化设计与试验研究/涂琴,李红,王新坤著. —北京: 科学出版社,2017

ISBN 978-7-03-054874-0

Ⅰ. ①低⋯ Ⅱ. ①涂⋯ ②李⋯ ③王⋯ Ⅲ. ①移动式–喷灌机–研究
Ⅳ. ①S277.9

中国版本图书馆 CIP 数据核字(2017) 第 254712 号

责任编辑:惠 雪 沈 旭/责任校对:彭 涛
责任印制:张 伟/封面设计:许 瑞

科 学 出 版 社 出版
北京东黄城根北街 16 号
邮政编码:100717
http://www.sciencep.com

北京京华虎彩印刷有限公司 印刷
科学出版社发行 各地新华书店经销

*

2017 年 11 月第 一 版 开本: 720 × 1000 1/16
2017 年 11 月第一次印刷 印张: 9 1/4
字数: 186 000

定价:89.00 元
(如有印装质量问题, 我社负责调换)

前　言

截至 2015 年年底，我国人口总数已达 13.7 亿，是无可争议的人口大国和农业大国。同时，我国也是一个水资源严重短缺的国家，节水灌溉是促进粮食增产的重要途径之一。另有数据显示，我国农业机械能耗比先进水平国家高 30%，受近年各地干旱频发的影响，喷灌动力消耗占据农业机械能耗的很大部分，能耗已经成为制约我国灌溉发展及推广的重要因素。研究和推行节水节能的灌溉方式势在必行。因此，国家"十三五"规划和 2016 年、2017 年中央一号文件都将节水灌溉放在重要的战略位置。

喷灌是一种先进的节水灌溉方式，对作物适用范围广，节水增产效果明显。其中，轻小型移动喷灌机组因其移动灵活、适应性强、操作方便等特点，与我国地理情况、作物种植结构、农村经济水平等条件相适应，将在很长时期内成为我国推广应用的主要节水灌溉方式之一。与此同时，随着农村经济水平提高，农民种植的作物种类日益多样化，使得轻小型移动式喷灌机组的多元化配置成为必然；另外，随着农村劳动力转移、土地适度规模经营等进程的加快，对喷灌机组的管道布置及组合模式提出了新的要求。

目前，轻小型移动式喷灌机组的配置方式较为单一、机组的评价指标仍以技术指标为主，不能满足不同应用场合的需要，给农户及管理者的决策带来一定的困难。同时，喷灌机组便捷性的提高与水肥一体化的实现是日后发展的重要方向，这与机组的配置优化、综合性能试验研究密不可分。因此，急需一部专业著作来全面介绍低能耗多功能轻小型移动式喷灌机组多元化配置、机组管道水力设计及多目标优化、机组综合评价体系及各指标影响因素研究等内容，为灌溉工作者的学习、研究和生产提供帮助。

本书是"十一五"国家高技术研究发展计划 (863 计划) 项目"变量喷洒低能耗轻小型灌溉机组 (2006AA100211)"和"十二五"国家高技术研究发展计划 (863 计划) 项目"精确喷灌技术与产品 (2011AA100506)"等研究成果的总结，并得到国家自然科学基金项目"轻小型喷灌机组变量运行对肥液输运及沉积的影响机理 (51609104)"的资助。

本书的撰写得到了江苏大学李红研究员、王新坤研究员的指导和帮助，得到了江苏旺达喷灌机有限公司高志俊总经理、高网大高级工程师、庄金良高级工程师在机组型式设计、喷灌设备提供中的大力支持,得到了江苏大学流体机械工程技术研究中心领导和节水灌溉方向课题组老师的鼓励以及常州信息职业技术学院领导和同事的大力支持。在此一并致以衷心的感谢。

　　限于作者水平和研究条件,书中难免存在不妥之处,恳请读者批评指正,不吝赐教。

作　者

2017 年 6 月

符 号 表

符号	物理意义	单位
N	动力机功率	kW
Q	水泵流量	m³/h
H	水泵扬程	m
n_b	水泵转速	r/min
η_b	水泵效率	%
h_s	水泵吸程	m
n	喷头数	个
d_p	喷嘴直径	mm
p	喷头工作压力	MPa
R	喷头射程	m
q	喷头流量	m³/h
G	优化目标	
Fit	适应度	
μ_1、μ_2、μ_3	惩罚因子	
h_n	管道末端喷头工作压力水头	m
D_i	第 i 段管道的直径	mm
H_b	水泵出口工作压力水头	m
H_0	管道入口处工作压力水头	m
$h_{p\,min}$	喷头最小工作压力水头	m
h_p	喷头设计工作压力水头	m
$h_{p\,max}$	喷头最大工作压力水头	m
E_p	喷灌机组单位能耗	kW·h/(mm·hm²)
η_b	水泵效率	
η_d	动力机效率	
η_p	田间喷洒水利用系数	
a	喷头间距	m
D	管径	mm
p_{min}	最小喷头工作压力	MPa
ΔE_p	单位能耗降低率	%
P_{co}	观测的累积概率	
P_{ce}	期望的累积概率	

符号	物理意义	单位
C_F	单位喷灌面积年造价	元/(a·hm^2)
r	折旧率	
C_b	动力机、水泵与进水管的造价	元/套
C_g	管道单价	元/m
C_s	喷头、立杆、支架与接头的单价	元/套
M	机组工作位置数	
A	一次灌溉面积	hm^2
C_A	单位喷灌面积上的年费用	元/(a·hm^2)
E	燃料价格	元/(kW·h)
T_y	年运行时间	h
E_F	单位能耗费	元/(a·hm^2)
C_{total}	总费用	元/hm^2
t	折旧年限	a
γ	年利率	%
ρ_x	年平均大修率	%
C_{ctr}	总建设费	元/hm^2
C_{opt}	总运行费	元/hm^2
LCC	生命周期成本	元
$C_{initial}$	初投资	元
C_{energy}	能耗费	元
C_{labour}	用工费	元
$C_{maintenance}$	维修费	元
$C_{disposal}$	废弃成本	元
$C_{salvage}$	残值	元
$P_{v,sum}, P_v$	折算系数	
m	灌水定额	mm/d
T_{sum}	年总灌水时间	h
C_{lb0}	每小时人工费	元/h
$T_{p,all}$	每年喷灌机组操作时间	h
ms_{all}	机组每年移动次数	次
T_A	机组移动一次的操作时间	min

续表

符号	物理意义	单位
N_t	搬运次数	次
$C_{transport}$	搬运费用	元/次
C_{sv}	废铁价格	元/kg
w_{pump}	水泵质量	kg
$w_{sprinkler}$	喷头质量	kg
w_{riser}	竖管质量	kg
w_{tee}	三通质量	kg
$w_{coupling}$	接头质量	kg
CU	克里琴森均匀系数	%
h_{ti}	第 i 个测点喷洒水深	mm
$\bar{h}$	平均喷洒水深	mm
n_t	测点数目	个
k_1	工人熟练程度系数	
k_2	气候因素系数	
k_3	地面泥泞程度系数	
n_e	机组部件数	
T_i	部件 i 的操作时间	min
$T_{p,sum}$	机组灌溉一定面积的操作时间	min
ms	机组灌溉一定面积的实际移动次数	次
T_m	动力机泵操作时间	min
T_p	管路安装时间	min
T_{p1}	一节管路管件安装时间	min
k_d	管径大小系数	
T_{p2}	安装管件行走时间	min
k_t	行走次数系数	
t_p	行走一米的时间	min
T_s	喷头安装时间	min
T_{s0}	安装一套喷头及配件的时间	min
T_t	行走分配喷头的时间	min

符号	物理意义	单位
ρ_s	组合喷灌强度	mm/h
ρ_d	雾化指标	
T_{irr}	一次灌水时间	h
T_0	灌水周期	天
T	机组灌溉一定面积时的总时间	h
ET	作物日蒸发蒸腾量	mm/d
b_m	支管间距	m
AE	灌水效率	%
V_s	喷洒到地面的水量	m^3
V_o	单位时间内喷头流出的水量	m^3
$\rho_s(test)$	喷灌强度测量值	mm/h
$\rho_s(calculated)$	喷灌强度理论值	mm/h
Reliability	可靠性	
Storage	储存方便性	
U	机组方案集合	
V	评价指标集合	
X	机组方案评价指标矩阵	
x_{ij}	评价指标原始数据	
u_0	最佳方案	
Y	评价指标归一化矩阵	
y_{ij}	规格化后的评价指标值	
u_i	第 i 个机组方案	
v_j	第 j 个评价指标	
φ	分辨系数	
ξ	关联度矢量	
W	权值矢量	
W_j	第 j 项指标的综合权重	
W_{ja}	第 j 项指标的主观权重	
W_{jb}	第 j 项指标的客观权重	
C.I.	一致性比率	
λ_{max}	判断矩阵特征值	
n_m	矩阵的维数	
C.R.	随机一致性比率	
R.I.	同阶平均一致性指标	
$H_{entropy\,j}$	第 j 个指标的熵值	
ms_0	灌溉周期内机组最大移动次数	次

续表

符号	物理意义	单位
ms_d	机组一天内最大移动次数	次
Q_{design}	额定工况下的水泵流量	m^3
h_b	水泵进出口损失	m
h_0	水源水面与管路进口的高程差	m
q_p	喷头额定流量	m^3/h
h_v	喷头工作压力极差率	%
H_i	支管第 i 节点压力	m
Q_i	第 i 管段流量	m^3/h
Q_n	末端管道的流量	m^3/h
h_i	第 i 节点处喷头工作压力	m
q_i	第 i 节点处喷头流量	m^3/h
q_n	末端喷头流量	m^3/h
l	竖管长度	m
d	竖管内径	mm
Le_i	支管管件局部水头损失当量长度	m
le_i	竖管管件局部水头损失当量长度	m
I_i	地形坡度	
f、m、b	与管材有关的水头损失计算系数	
μ	喷头流量系数	
h_{bn1}	干管末端的工作压力水头	m
h_{bn2}	最末端的支管入口处工作压力水头	m
h_{bn}	干管末端压力水头	m
T_c	优化算法平均计算时间	s
E_O	优化算法最佳性能指标	
E_R	优化算法鲁棒性能指标	
$p_{ij}^k(t)$	转移概率	
α	信息素重要程度因子	
β	启发函数重要程度因子	

符号	物理意义	单位
k	蚁群算法中蚂蚁的编号	
$\eta_{ij}(t)$	启发函数	
h_{ij}	两个节点间管段 i 上的水力损失	m
$\tau_{ij}^k(t)$	信息素浓度	
ρ	信息素的挥发系数	
$\Delta\tau_{ij}^k(t)$	信息素总量	
Q_a	修正系数	
M_{GA}	遗传算法种群大小	
$N\_{\max}$	最大迭代次数	次
P_{c}	交叉概率	
P_{m}	变异概率	
m_{ant}	蚂蚁数	
$t\_{\max}$	最大迭代次数	次
F	目标函数	
W_{i}	权值	
p_{avg}	喷头平均工作压力	MPa
RMSE	均方根误差	
R_{r}	相关系数	
θ	风与北向夹角	(°)
v	风速	m/s
T_{air}	空气温度	℃
$\mathrm{CU_R}$	矩形布置时的均匀系数	%
$\mathrm{CU_T}$	三角形布置时的均匀系数	%
R_{CU}	为喷灌均匀性的极差	%

注：以上变量按在文中出现的先后顺序列出。

目　　录

第1章 轻小型移动式喷灌机组概述

1.1 概   述

我国是个农业大国，但人均水资源占有量远低于世界平均水平，为了满足我国 13.83 亿人口的粮食需求，发展节水农业与现代农业已逐渐形成共识。与此同时，我国农业机械能耗比先进水平国家高 30%，受近年各地干旱频发的影响，喷灌动力消耗占据农业机械能耗的很大部分。随着世界范围内油价一路攀升，能耗已经成为制约农业机械发展的重要因素[1]。研究推行节水节能的灌溉形式势在必行[2]。

国家"十三五"规划和 2016 年、2017 年中央一号文件都将节水灌溉放在了重要的战略位置。2016 年，中共中央、国务院、农业部、水利部等部门先后出台了近十项全国性与灌溉有关的规划和政策[3]。其中，中共中央、国务院印发的《关于落实发展新理念加快农业现代化实现全面小康目标的若干意见》指出，"到 2020 年农田有效灌溉面积达到 10 亿亩以上，农田灌溉水有效利用系数提高到 0.55 以上"[3]。受政策及市场的双重影响，据水利部统计数据显示，截至 2016 年 12 月 10 日，2016 年全国新增高效节水灌溉面积 2145 万亩，提前超额完成该年度《政府工作报告》提出的目标要求[4]。

喷灌技术作为高效节水灌溉技术之一，为解决我国的粮食问题起到了重要作用。世界范围内水资源及能源的日益短缺使得低压低能耗成为喷灌发展的主要方向之一[5]。根据我国地理条件、作物种植特点、土地经营特点等国情，采用适宜的喷灌技术是目前我国喷灌发展急需解决的问题。

地理条件方面，我国山地丘陵耕地有 6.7 亿亩，占总耕地面积的 45%[6]。作物轮作方面，东北、华北主要是"冬小麦 + 夏玉米"或"花生 + 玉米"，华南江苏一带为"小麦 + 水稻"，湖南、云南一带为"烟 + 稻"。其中，玉米、小麦有时需要季节性固定灌溉，并且各地降雨量及水源情况不同，对喷灌系统的型式提出了不同的要求[7-9]。

土地经营方面，我国农村实行的是以户为单位的联产承包责任制，每户种植面积多为 0.67hm²(10 亩) 左右，而且地块分散[10]。另外随着近年来土地适度规模经营的逐步推行以及一定范围内农民返乡潮的兴起，使土地经营方式呈现出更大的多样性和不确定性，这对喷灌机组的设计及型式的选择带来了新的挑战。

由于我国地理条件、作物种植结构、土地经营方式的多样性，大型喷灌机的应用受到一定的限制。如图 1-1 所示，由小型水泵、可移动管道和多喷头等组成的轻小型移动式喷灌机组适应性相对更强，其使用特点与目前我国农村大部分地区的经济水平和农民的技术水平相适应，在很长时间内将是我国推广应用的主要喷灌及抗旱设备之一。

图 1-1　轻小型移动式喷灌机组构成 (图片来源：文献 [11])

根据《轻小型喷灌机》(GB/T 25406—2010) 规定，轻小型喷灌机组的配套功率为 22kW 以内[12]。配套动力有汽油机、柴油机或电机，机组构成型式主要包括手提式、手抬式、手推车式、小型拖拉机悬挂式、小型绞盘式。轻小型喷灌机组的特点如下：①轻巧灵活，便于移动；②一次性投资少，操作简单，维护方便；③节省劳动力，保持水土，提高产量；④适用性强，可以应用于小型田块、丘陵山区、大型喷灌作业区的边角部位以及别墅庭院前后等场合的农作物或景观作物的喷灌作业。该类型机组在 2009 年、2010 年和 2011 年安徽、河南等 6 省份的春季抗旱中起到了关键作用，突出反映了它是比较有效的抗旱机具[13]。2011 年的统计信息显示，国内常见的轻小型喷灌机组使用量为 88.9 万台，且以每年 5% 左右的速率增长[13]。在该机组型式广泛使用的同时，还有以下几方面亟待改进：①能耗相对较高；②喷洒均匀性不易保证；③安装、移动用工量较大；④采用 "一" 字形布置的喷灌机组灌溉面积受到一定限制。

受近年来我国农村劳动力持续转移、土地适度规模经营政策力度加大等因素影响，轻小型移动式喷灌机组的系统组合形式亟待拓展，需要能够方便地实现移动、固定多目标应用，同时使有限的动力及流量范围内机组的灌溉面积得到拓展。为了提高喷灌机组移管时的便捷性，需要对机组关键连接部件进行设计改进。为了改变现有轻小型喷灌机组管道布置形式单一的特点，需要提供多元化的管道布置方式供用户进行选择，同时使机组能耗降低，为我国先进节水灌溉技术的推广及部分地区的抗旱需求提供可靠保障。

目前，轻小型移动式喷灌机组的设计配套多考虑系统各组成部分的设备性能，系统综合性能研究较少,难以反映机组选择时的性能要求、经济性约束、劳动力限制等实际需要。管道水力计算方法多为借鉴固定式喷灌系统或微滴灌系统的管道水力计算方法。对轻小型喷灌机组管道入口不设阀门时水泵、管路、喷头之间水力状态相互作用、协同运行的特点考虑较少。与用户灌溉面积、作物种植情况等相结合的机组配置优化及综合评价方面的研究更少,因而不利于机组的应用和推广。

随着生活水平的提高,人们对农产品品质需求逐步提升。尤其是近年来农业供给侧改革相关战略的提出,家庭农场、特色村镇等与灌溉有关的新型农业形态逐步兴起,使得一定区域内农作物的种植结构将发生变化,这一方面要求喷灌质量的提高、喷灌形式要具有一定的灵活性;另一方面,也使得喷灌机组的选择不仅要考虑技术指标,还应考虑经济、环境、社会方面的指标,因此需进行系统的理论和试验研究。

本书旨在针对现有轻小型移动式喷灌机组的结构型式及管道布置方式进行一定的改进,提出低能耗多功能轻小型移动式喷灌机组的基本结构,提高机组的便捷性,同时使机组的灌溉面积和应用场合得到拓展;通过理论计算与试验相互验证的方式,对轻小型移动式喷灌机组进行综合评价,建立多目标优化体系和方法,优化低能耗多功能轻小型移动式喷灌机组的性能,以满足不同场合用户高效灌溉及节水抗旱的需求。

1.2 轻小型移动式喷灌机组现有机组型式

移动式喷灌机组的使用始于 1930 年,2000 年以前在美国、西班牙等国中小型农场中应用广泛[11]。此时的喷灌系统称为人工拆移管道式系统,工作压力在0.02~0.35MPa,带有快速接头,喷头间距为 6~12m,支管间距为 6~18m[15,16]。该系统由可移动支管和带有阀门出水口的可移动干管或地埋干管组成。用手工移动支管系统所灌的面积大于任何其他系统灌溉的面积,其缺点在于用工量大[17]。

近十年来,为降低移动式喷灌系统移管过程中的劳动强度,薄壁铝管已采用涂塑软管代替,管道布置也简化为一条支管配置一个或多个喷头,然后直接与动力机泵相连,构成轻小型移动式喷灌机组,可以整体移动,管道的快速接头也得到简化,机组整体投资降低,如图 1-1 所示[11,18]。

1.2.1 现有机组型式

根据配套喷头形式及数量的不同,轻小型移动式喷灌机组主要有手持喷枪式(或无喷枪) 轻小型喷灌机、单喷头轻小型喷灌机组、多喷头轻小型喷灌机组和软管固定 (半固定) 多喷头轻小型喷灌机组四类。

(1) 手持喷枪式 (或无喷枪) 轻小型喷灌机。该机组型式由动力机泵、进出水管路组成, 喷洒器为手持喷枪或者直接手持末端管道进行浇灌, 它不要求雾化指标, 因此系统压力较低。并能在干地后浇灌, 移动方便, 适于经济条件较落后地区应急抗旱时使用, 但喷灌均匀性较差[8]。

(2) 单喷头轻小型喷灌机组。一般选用 40PY 或 50PY 喷头。其特点为: 系统压力高, 喷头射程远, 单喷头控制面积大, 喷洒均匀性稍差, 相对能耗较高, 亩投资最省; 操作简单, 移动方便; 因为是扇形喷洒, 能保持在干地往后移动喷头支架。但该机组型式喷头喷洒反冲力及水滴打击强度均较大, 对土壤入渗能力有一定要求, 可以用于牧草灌溉[8]。该机型上世纪末应用较多, 目前逐年减少。

(3) 多喷头轻小型喷灌机组。该类型机组配套 15PY、20PY、ZY-1、ZY-2 系列喷头。它可以根据灌溉作物及地块面积的大小, 选择不同工作压力、相应数量的喷头, 因此机组的流量、扬程及功率等参数选择范围较大, 机组用途拓展具有较大空间, 喷灌均匀性比前面两种机型更高, 能耗降低。江苏大学 "十一五" 期间开发的轻小型移动式喷灌机组系列, 如表 1-1 所示, 灌溉面积为 50 亩左右。

表 1-1　低能耗轻小型喷灌机组配置及性能参数

| 机组型号 | 动力机额定功率 N/kW | 水泵 | | | | |
		型号	流量 Q /(m³/h)	扬程 H /m	转速 n_b /(r/min)	效率 η_b /%	吸程 h_s /m
PQ30-2.2	2.19	50ZB-30Q	15	30	3600	61.1	5
PD25-2.7	2.66	50ZB-25D	25	25	2850	68.8	5
PD65-7.5	7.5	50ZB-65QJ	20	65	2850	67.9	—
PC40-5.9	5.9	65ZB-40C	30	40	2900	66.8	5
PC30-2.2	2.2	50ZB-30C	16	30	3000	63.9	5

| 机组型号 | 动力机额定功率 N/kW | 喷头 | | | | |
		型号	喷头数 n /个	喷嘴直径 d_p /mm	工作压力 p /MPa	射程 R /m	喷头流量 q /(m³/h)
PQ30-2.2	2.19	10PXH	16	4	0.25	10.7	0.973
PD25-2.7	2.66	15PY	28	4.2	0.2	14.8	0.894
PD65-7.5	7.5	30PY	3	12	0.4	25.9	6.66
PC40-5.9	5.9	20PY	12	6	0.35	18.4	2.92
PC30-2.2	2.2	10PXH	16	4	0.25	10.7	0.973

目前多喷头轻小型喷灌机组约占轻小型喷灌机组三分之一的市场份额[8]。苏南地区灌溉时, 该机组型式一个喷灌周期内一般需要移动支管 7~10 次, 每次移动时需将每节管道及喷头的连接全部拆开, 移动几十米的距离后再重新连接。因此存在由于喷灌后地面泥泞所导致的搬移困难、劳动强度较大的缺点。

(4) 软管固定 (半固定) 多喷头轻小型喷灌机组。软管多喷头轻小型喷灌机组是一种管道式喷灌的机组。系统中所有管道是固定的，但是干管、支管均铺设在地面上，并且全部采用可拆卸的快速接头连接，灌溉季节结束后可以收存入库。管道一般采用涂塑软管，每条支管入口处设置了轮灌阀门，可实现分区轮灌作业。其配套动力一般为 11~22kW 柴油机，喷灌面积可达 250~300 亩。该机型实际上是传统的 "一" 字形或 "丰" 字形灌溉布置形式向大型网状布置形式的一种转变拓展。它结合了固定式和移动式喷灌系统的优点，喷灌均匀，劳动强度较低，同时投资减少，操作简单方便，具有较好的应用前景。

但对于灌溉面积为 50~250 亩之间，喷灌机组较难选择。一方面，传统的多喷头轻小型喷灌机组由于配置喷头数较多，系统采用全移动的方式时用工量急剧增加；另一方面，采用软管固定 (半固定) 式系统投资较高，不一定经济。因此，系统组合灵活性需进一步提高。而且，对于软管固定 (半固定) 式系统，机组型式的合理设计及管道水力计算对喷灌机组效益的发挥起着重要作用，目前这方面的研究较为欠缺。

1.2.2 机组适应性分析

综观前面所述四种喷灌机组型式，都有各自的特点及适用场合。轻小型移动式喷灌机组非常适合我国水源分散、小型农户小型地块、平原及缓坡地带等地形坡度在 20° 以下的场合，适度规模化经营的小型农场也可使用。但还存在安装、移动过程用工量大，现有管道布置方式机组面积拓展有限，配置喷头数在 10 个以上时易出现喷头工作压力极差增大、机组喷灌均匀性下降等情况。同时，轻小型移动式喷灌机组配套的管道三通、四通、变径等管件比较有限，不利于机组的灵活配置及能耗节约。因此，多喷头轻小型喷灌机组的设备性能优劣及系统的合理配套、优化配置对机组灌溉效益的发挥显得十分重要。而且，多种应用条件多方案选择时，机组综合性能的评价也是十分必要，它是机组的合理选择、多目标优化配置的重要依据。

1.3 轻小型喷灌机组评价指标及评价方法现状

1.3.1 评价指标

1) 机组能耗

机组能耗是评价轻小型喷灌机组性能的重要指标。目前，对于大型灌区降低喷灌能耗的主要措施为根据各用户地理分布情况及用水需求对泵站各水泵的运行状况进行优化调节，美国、西班牙等国研究较多[19]。西班牙学者 Rodriguez 等[19] 和 Moreno 等[20] 对灌区管网的系统能耗分析表明，通过管道优化配置及合理运行可以使灌溉系统平均能耗降低 10.2%，甚至 27%。他们将灌溉单位面积的能耗费 (ECS$_r$) 与提升单位体积水量的能耗费 (ECV$_T$) 分别应用于灌区输水系统的能耗评价中。类似地，Chen 等[21]将能耗–效益比这一综合指标应用于溉节能改造工程的可行性评价中。如果运用于喷灌机组的优化，根据作物灌溉及喷头选择的需要，水泵运行工况调节范围有限，通过适当的管道配置达到一定的喷灌质量是系统设计的首要目的[22,23]。总体上，从喷灌系统考虑，比较详细地分析影响机组能耗的主要因素的研究甚少。

国内学者对灌溉机组能耗评价多采用试验测试的方式得到机组的功率，依据所测数据对备选灌溉方式的能耗进行分析对比。牛连和纪瑞森[24]对两种配备潜水电泵和农用机井的喷灌系统的机组效率及耗电量进行测试得出：在试验中同一地块，喷灌单方水的耗电量比畦灌高近 1 倍，当喷灌灌溉节水量达 50%，喷灌与畦灌的能耗才能持平。也有部分学者对喷灌工程能源消耗、喷灌节能临界扬程等问题进行探讨，但研究对象的系统配置方式有限，改变相关参数对能耗降低的效果不够明显[25]。而且喷灌机组能耗评价指标不一，不利于不同喷灌机组型式机组节能效果的对比，为系统的进一步优化及节能降耗带来一定的困难。在我国能源问题日益紧张的局势下，采用合理的能耗评价指标，并研究喷灌机组的能耗影响因素，对优化机组配置、降低系统能耗、喷灌工程综合评价实施都有非常重要的理论和现实意义。

2) 喷灌均匀性

喷灌均匀性反映喷灌质量的高低，是喷灌系统的重要考核指标。综观国内外喷灌均匀性影响因素方面的研究，可以大致分为喷头参数、管道布置方式、运行管理因素、自然环境因素和作物冠层的影响。通常所说的喷灌均匀性即指组合喷灌均匀性。其中喷头选择、管道布置、运行管理因素都与机组的配置方式有关，因而喷灌均匀性大小在喷灌机组优化配置中不容忽视。

DeBoer 和 Monnens[26]发现大型喷灌机上低压喷头的喷洒均匀性对喷头间距较敏感，喷头间距加大时，均匀性变差。日本学者 Fukui 等[27]得出当沿管道方向组合喷头的射流交叠区在单喷头射程的 50%~70%时，喷头组合方式采用矩形比采用三角形的均匀性高，且工作压力变大时，获得最高均匀性所需的喷头间距需加大。巴西学者 Soares 等[28]研究了地形坡度对喷灌均匀性的影响，随着坡度增大，均匀性下降，在多组坡度及喷头仰角组合情况下，采用三角形的布置方式相对矩形布置均能有助均匀性的提高。可见，管道布置方式及布置间距对喷灌均匀性都有影响。

目前大多数轻小型喷灌机组使用时各喷头未安装调压阀，此时由于室外地形坡度的存在及机组配置参数变化时管道沿程压力坡降的影响，组合喷洒各喷头的工作压力不完全一致，而计算中常假定组合喷洒各喷头工作压力相同，因此得到的组合喷洒均匀性会有一定误差，工作压力越低时误差越大。喷头工作压力及相邻喷头工作压力差的变化都会对喷洒均匀性产生影响,主要表现在:①改变单喷头喷洒图形。当压力过低时,水量集中在射程末端,使单喷头整个喷洒面水量呈环形分布[29]。Meteos[30]提出由于喷头工作压力和喷头间距的差异,会使人工拆移管道式喷灌机组的灌溉均匀性呈现 7%~13.3%的差异。Burt 等[31,32]也将喷头工作压力差列为影响人工拆移管道式喷灌系统均匀性的主要因素之一,因此提出喷头压力极差需控制在 20%以内。②改变雨滴直径大小,影响抗风性能及漂移损失[33]。

风的影响也是田间喷灌时影响喷灌质量的重要因素。Hanson 和 Orloff[34]对不同风速下大型喷灌机上配置的旋转挡板式喷头与滴灌带式喷洒器的喷洒均匀性试验,结果表明,当风速达到 4.5m/s 时,旋转式喷头的均匀性下降,而滴灌带式喷洒器均匀性提高。Dukes 和 Perry[35]也做过类似研究,研究风速高达 6.2m/s。而 Fukui 提出当风速低于 1m/s 时,风速引起的漂移损失对均匀性的影响可以忽略。Mateos[30]建议对于固定式喷灌系统,风速大于 1.8~2m/s 时,风速的影响不能忽略。

从上面的研究结果可以看到,喷头工作压力差及室外环境因素对喷灌均匀性影响的系统研究较少,且从大型喷灌机及固定式喷灌系统的均匀性室外试验的结果来看,不同系统中,风向风速对喷灌均匀性的影响效果不完全一致;由于受喷头性能影响,达到合理均匀性所能允许的室外风速差异较大。因此,采用理论计算与田间试验验证的方法,研究室外试验条件下机组配置参数、管道布置情况及运行条件、环境因素等因素及其交互作用下对喷灌系统洒均匀性的影响十分必要。

3) 综合指标

能耗及均匀性是考察轻小型喷灌机组性能的主要指标。但对于喷灌系统而言,经济性及社会指标也是影响系统选择的因素之一。轻小型喷灌机组也是如此,目前这方面的研究较为欠缺。Le Grusse 等[36]在灌溉系统的田间评价中将评价指标分为技术指标、经济指标、环境指标和农艺指标。Mateos[37]采用了包括均匀性和灌水效率在内的六个性能指标对滴灌、喷灌和渠灌三种灌水方式进行评价,对于具体的灌水方法这些评价指标会有一定的变化。Bekele 和 Tilahun[38]将这些指标用于小型灌溉系统的田间评价中。Ali[39]则给出了部分灌溉技术指标的影响因素及计算公式。李久生[40]指出,为了获得高于 90%的喷灌均匀系数,系统能耗及投资将大幅增加。因此,喷灌系统各评价指标之间也是相互关联的。经济和环境指标方面,Martinez 等[41]分析了固定式喷灌系统中次级管网布置、间距、工作压力、平均喷灌强度和喷洒水利用系数等设计因素及运行参数对灌溉总费用的影响。Morankar 等[42]则采用工作日法来衡量灌溉系统安装、运行中的用工量。

从上面分析可以看出,以往喷灌系统的评价研究中对灌溉均匀性、灌水效率等技术指标关注较多,综合评价方面的研究多集中于灌区层面[43,44]。考虑技术指标,以及经济、环境、社会等方面指标的轻小型喷灌机组综合评价研究很少。以用工量为例,它是轻小型喷灌机组区别与固定式喷灌系统的主要特点之一,固定式喷灌系

统用工量度量中采用的工作日法难以满足其劳动力计量的需要。因此，急需适用于
轻小型移动式喷灌机组的一套综合评价理论与方法。

喷灌机组系统成本、能耗、喷灌均匀性、用工量等评价指标的研究中，国内外
学者一般是单独进行分析。满足一定喷灌均匀性时系统能耗、成本等其他因素的
变化系统研究很少[45,46]。这些反映喷灌机组运行的综合性能状态称为系统的组态。
目前这方面的研究较为欠缺，因此需要进行系统的研究，从而为机组的多目标优化
配置提供参考。

1.3.2   灰色关联评价方法

多年来，国内外学者提出的灌溉系统评价指标甚多，但很大一部分研究是在灌
溉项目建成后进行，灌溉系统设计初期不同方案的评价、对比方面研究较少。水资
源管理领域中常用的多指标综合评价方法 (multi-criteria analysis, MCA) 在灌溉系
统，尤其是喷灌系统中应用较少。多指标综合评价方法主要包括层次分析法[47]、主
成分分析法[48,49]和灰色关联法[50]等方法。通过这些方法能有效地从大量信息中得
出多项选择中的最优方案。其中灰色关联法的应用日益广泛。

灰色关联理论始于邓聚龙教授于 1982 年发表的论文《灰色系统控制》，此后
灰色系统理论不断完善[51]。灰色关联法(grey relational analysis, GRA) 是系统决
策方法之一，它是根据比较数列与参考数列所构成的曲线间的几何相似度，来判别
数据系列之间的联系[52]。与传统的回归分析、方差分析等系统分析方法相比，灰色
关联法对样本大小、概率分布规律等方面要求较低[53]。它可以对不完全的信息进
行处理，各因素指标也不需要相互独立，因而应用较广[54]。灰色关联法在农业领域
的应用中，多集中于灌溉管理综合决策，但在喷灌系统性能评价中应用甚少[55,56]，
不利于机组性能的提升。将灰色关联法应用于轻小型喷灌机组的多因素多目标评
价中，可以为喷灌机组的比选、机组各项性能的分析和优化起到很大的帮助。

1.4   喷灌管道水力计算及优化方法

轻小型移动式喷灌机组的综合评价可以为既定机组方案的选择提供依据，而
每台机组的合理配置最根本的方法是通过管道水力优化设计来实现。也就是说，轻
小型移动式喷灌机组的配置优化问题实质上是喷灌管道的水力计算及优化问题。机
组配置喷头类型、喷头数量，及管道间距、喷头工作压力的选择都会影响到喷灌管
道水力状态，进一步影响喷头工作状态、喷灌均匀性、能耗高低及机组综合性能的
优劣，作用过程复杂。目前直接针对轻小型移动式喷灌机组的管道水力计算方法研
究不多，主要参考喷微灌系统或输水管道的水力计算方法。优化算法的应用可以有

效减轻喷灌管道水力计算过程中的劳动强度,提高计算效率,从而更好地反映机组配置参数与机组各项性能之间的关系。

1.4.1 管道水力计算方法

目前国内外管道水力计算方法有解析法,也有与优化算法相结合的方法。

Kang 和 Nishiyama[57]采用退步法进行微灌管网次级管道的压力计算。采用黄金分割法确定管道末端最佳压力,应用前进法计算每条毛管的压力分布及灌水器流量。该方法计算效率及精度均较高。

Trung 等[58]对喷灌支管采用退步法进行水力计算,对支管闸阀以上渠系干管采用基于水锤影响的非稳态流动计算法,对系统中其他管道采用前向计算法,为多孔出流管道的水力计算提供了新的途径。

Wu 等[59]在 Trung 研究的基础上,对两段式喷灌系统水力计算采用逐步计算的方法,分析了地面坡度、摩擦系数偏差率、竖管水力损失及泵流量压力特性曲线对管道水力性能的影响,该模型简便,考虑了系统各组成部分。

Vallesquino[60]介绍了一种模拟灌溉毛管层流或紊流的新方法。将各孔口出流视为离散变量,将局部水头损失视为雷诺数 Re 的函数,对喷灌支管不同管径、坡度、灌溉制度及流量差异下的管道水力进行了计算。

这些方法为轻小型移动式喷灌机组的管网设计提供了基础。其他管道设计方法有:能量坡线法[61]、管网有限元分析法[62]、SPRINKLER-MOD-有压灌溉系统的压力及流量模拟模型[63]、有限元分析与虚拟灌水器相结合的方法[64]。

综上所述,喷灌管道的水力计算一般根据管道的复杂程度将管道分为各组成部分,根据系统流量、压力的控制特点采用前进法或退步法进行水力计算,模型求解时由传统的线性、非线性、单纯形法发展到比较智能的如遗传算法、神经网络、蚁群算法等启发式算法,计算速度明显加快,精度提高。但每种管道水力计算方法都有一定的应用条件,与管道构成及控制特点有关,需根据具体问题加以改进。而且管道水力计算过程中涉及参数较多,根据管材及管道中流动状态的不同部分参数对管道水力状态计算结果较为敏感,如应用于轻小型移动式喷灌机组的计算中需具体分析。

1.4.2 优化方法

轻小型移动式喷灌机组配置优化时,喷头数、管径等决策变量都是离散变量,配置参数与机组性能之间相互关联、关系复杂,因而是一个复杂的组合优化问题,也就是 NP-hard 问题 (non-deterministic polynomial-time hard)[65]。目前应用于灌溉管道优化的智能算法主要有遗传算法、模拟退火算法和随机规划算法等方法[66-68]。近年来新兴的受蚂蚁觅食行为启发而提出的蚁群算法 (ant colony optimization,ACO)

在管道优化中显示出很强的优越性，使其受到了越来越多的关注，但该方法在喷灌管道优化方面的研究较少[69~71]。

1) 遗传算法

遗传算法(genetic algorithm, GA) 是一种全局优化算法，最早由 Goldberg 和 Kuo 引入到管网的优化设计中[72]。近十年来随着遗传算法相关理论的日趋成熟，及在灌溉管网优化中应用研究的逐渐增多，已发展出单亲遗传算法[73]、改进混合遗传算法[74]、模拟退火遗传算法[75]等对标准遗传算法的改进算法。

Pais 等[76]采用基于年费用最小的遗传算法模型来进行局部灌溉的管道水力计算。

Hassanli 和 Dandy[77]采用遗传算法进行树状管网优化布置，主要目的为找到用户需求点与水源点之间的最佳连接点、最优管径及合适的泵参数。采用敏感性分析得到了效果更优的遗传参数。

Goncalves 和 Pato[78]将管网设计分为三步。首先，采用启发式算法，计算较短的树状管网；其次，对每个支管进行计算；最后，采用混合二进制线性规划确定管径大小及泵的参数。

遗传算法的应用及相关理论研究相对比较成熟，但仍存在遗传参数较难确定和过早收敛等缺点[77]。1992 年由意大利学者 Dorigo 提出的蚁群算法在灌溉管道优化中的应用研究还处于一个开端[79]。

2) 蚁群算法

Gil 等[80]发现对于经典的以系统总投资最小为目标、以管道压力为约束的 Alperovits-Shamir 和 Hanoi 管网优化问题，采用新设计的蚁群算法比遗传算法和分散搜索法计算得到的结果要好。Kumar 和 Reddy[81]对水库进行多目标优化运行研究时也发现，蚁群算法比遗传算法性能更优，计算得到的最优方案下水库年发电量也更高，尤其是对于水库长期运行时效果更加明显。蚁群算法已逐渐成为管道输水系统优化方法的研究热点之一。

与蚁群算法有关的研究最早出现于 1989 年 Gross 等做过的著名的 "双桥" 实验，见图 1-2[82]。1991 年意大利学者 Dorigo 正式提出了蚁群算法的概念[79,83]。

蚁群算法 (ant colony optimization，ACO) 是受自然界种群社会行为规律启发发展而来的群智能算法之一[84]。它来源于蚁群的觅食行为，这种行为的过程为：蚂蚁在从巢穴到寻找食物源的途中，依据路径的长短及获得食物的多少在所经过的路径上释放一种信息素，以引导自己下次及其他蚂蚁从该路径经过，从而实现蚂蚁个体与个体之间、个体与环境之间的通信。最终，大部分蚂蚁能够找到一条从巢穴到食物源的最短路径[85]。这个过程中，信息素的浓度会随时间变化而逐渐降低[86]。目前 ACO 已经广泛地应用于车间作业调度[87]、分类问题[88]、车辆路由[89]等离散变量组合优化问题的求解中[90]。

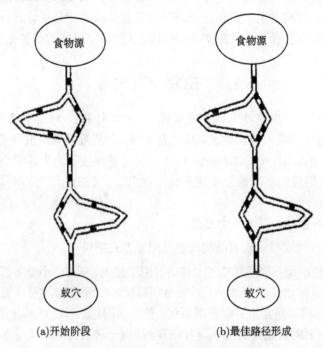

(a)开始阶段 (b)最佳路径形成

图 1-2 双桥实验 (图片来源: 文献 [82])

1.4.3 算法特点对比

蚁群算法 (ACO) 是一种结合了分布式计算、正反馈机制和贪婪式搜索的算法, 具有很强的搜索最优解的能力[90]。

蚁群算法与管道优化中常用的遗传算法相比, 具有鲁棒性较强、分布式计算和易于同其他方法融合等共同特点[84]。不同之处在于蚁群算法的正反馈机制能够使其快速地发现最优解, 分布式计算避免了遗传算法中容易出现的早熟收敛, 而贪婪式搜索有助于在搜索过程中早期找出可接受的解决方案, 缩短了搜索时间[91]。

1.4.4 优化质量与收敛速度对比

Dorigo 等[83]的实验结果对比显示, 对于组合优化问题, 当求解节点数为 50~100, 选择合适的参数, 可以使蚁群算法的优化结果普遍好于遗传算法。对于该优化问题, 李士勇等[91] 将蚁群算法的优化质量与遗传算法进行对比, 得到蚁群算法所找出的解的质量更高, 收敛速度也是蚁群算法更快。随着求解问题规模的增大, 差别也随之增大。

采用模拟的方法对管道水力特性的影响因素研究逐渐增多，而借鉴这些成果针对轻小型移动式喷灌机组的水力特点采用智能算法进行分析计算，并对管道水力特征及能耗影响因素的研究甚少，采用田间试验对比验证的研究更少[92]。

1.5　主要研究内容

本书内容源自国家高技术研究发展计划 (863 计划) "精确喷灌技术与产品" (2011AA100506)、国家农业科技成果转化资金项目 "变量喷洒轻小型喷灌机组完善与中试" (2011GB2C100015)、江苏省 2011 年度普通高校研究生科研创新计划项目 "基于能耗及均匀度的多喷软管喷灌系统的建立" (CXZZ11_0565) 等课题，经综合凝练而成。

本书主要内容分为以下几个方面：

1) 轻小型移动式喷灌机组结构改进及配置方式拓展

针对现有轻小型喷灌机组安装、移动时用工量大，玉米、小麦等部分作物需要一个灌溉季节内固定灌溉的情况，对轻小型移动式喷灌机组的系统组合模式进行改进，提出一种移动固定多目标喷灌系统，使机组固定、移动更加方便，对作物的适应性增强。同时对管道配置方式进行拓展，提出一种组合式双支管多喷头喷灌系统，使机组灌溉面积增加，喷灌均匀性提高。对上述两种低能耗多功能轻小型移动式喷灌机组的关键部件进行设计，开发一种快速连接管件和一种喷灌用喷头及管道固定装置。在上述研究的基础上，总结出适用于大中型面积的灌溉管网布置方式，为用户提供多元化选择。

2) 机组综合评价体系建立及各指标影响因素研究

分别以单位能耗、机组成本、喷灌均匀性、操作时间等作为优化目标对轻小型喷灌机组进行配置优化，并对机组能耗及均匀性的影响因素及规律进行细致分析。根据需要将年造价、年费用、总费用和生命周期成本 (LCC) 应用于喷灌机组的经济性评价中。并建立喷灌机组操作时间计算模型。采用灰色关联法进行评价，权值确定时根据需要采用层次分析法与熵权法相结合的综合赋权法来集成主观和客观两方面的因素。然后逐步建立轻小型喷灌机组的综合评价体系。

3) 机组管道水力计算方法及多目标配置优化方法建立

根据轻小型喷灌机组水泵–管路–喷头协同运行的特点，对现有喷灌机组管道水力计算方法进行改进，采用两种优化算法进行对比，初步建立喷灌机组多目标优化配置模型。提出了考虑流量约束的后退法、前进法和两种方法与黄金分割法相结合的轻小型喷灌机组管道水力计算方法，并与前人研究结果进行对比。将遗传算法和蚁群算法分别应用于喷灌机组的配置优化中，对优化结果进行比较。在前面评价指标及影响因素分析的基础上，采用线性加权法对轻小型喷灌机组进行多目标配置优化。采用理论分析与试验的方法对喷灌机组优化模型及评价模型进行验证。

4) 机组优化配置及均匀性影响因素田间试验研究

采用田间试验的方法对喷灌机组能耗及均匀性影响因素及规律进行分析，对管道水力计算方法和优化方法进行验证，并对试验条件下特定喷灌机组的最优配置方式进行探讨。

第2章　低能耗多功能轻小型移动式喷灌机组设计

轻小型移动式喷灌机组存在安装、移动时用工量大的情况，有些地区玉米、小麦等作物需要一个灌溉季节内固定灌溉系统，有些地区则可以在一个灌溉季节内移动，降低系统投资；经济作物如茶园需要永久固定灌溉。因此，需要对轻小型移动式喷灌机组喷头及管道的连接方式进行改进，使机组移动更加便捷，且安装固定方便。

同时，随着我国农业机械化程度的提高及土地适度规模经营的展开，轻小型喷灌机组配套功率逐步提高、应用场合日益拓展，单台喷灌机组的灌溉面积也逐渐增加，使得目前普遍采用"一"字形布置的轻小型喷灌机组便捷性较差、灌溉面积有限、喷头配置过多时管道沿程喷头工作压力极差率较大等缺点日益凸显，对喷灌机组系统型式及管道布置方式都提出了新的要求[93]。

因此，为了满足不同场合用户的灌溉需求，本章在对现有轻小型移动式喷灌机组型式分析的基础上，提出了一种移动固定多目标喷灌系统和另一种组合式双支管多喷头喷灌系统，对机组关键部件进行改进，并提出了多种管道布置方式，供用户进行选择。

2.1　轻小型喷灌机组系列

2.1.1　机组参数

近年来，课题组根据用户需求情况，对已有轻小型移动式喷灌机组产品进行系列化配置开发，并由江苏旺达喷灌机有限公司生产，系统参数见表 2-1[11]。动力机采用 2~20 马力① 的柴油机或 1.1~18.5kW 的电动机，喷头的选择涵盖 10PY、15PY、20PY、30PY、40PY、50PY 等六种型号，适用于不同地形粮食作物、经济作物的灌溉[11]。该系列机组配置方式多样，机组动力范围较宽，适合多目标、多功能的系统应用。

2.1.2　基本配置

利用表 2-1 中轻小型喷灌机组，可以根据农户种植规模构建灌溉面积 50~350 亩 (3.33~24hm²) 的喷灌系统，具有使用便捷，运行成本低，喷灌均匀性较高等优点[11]。

――――――――――――
① 1马力=745.700W。

表 2-1 新型轻小型喷灌机组配置方式及性能参数

机组型号	动力机		水泵						喷头					
	型号	额定功率 N/kW	型号	流量 Q/(m³/h)	扬程 H/m	转速 n_b/(r/min)	效率 η_b/%	吸程 h_s/m	型号	喷头数 n/个	喷嘴直径 d_p/mm	工作压力 p/MPa	射程 R/m	喷头流量 q/(m³/h)
PC20-2.2	R165	2.2	50BP-20	15	20	2600	58	7~9	10PY	10	5×2	0.15	10	1
PC35-2.9	170F	2.9	50BP-35	15	35	2600	56	7~9	15PY	7	5×3	0.3	15	2.16
PC35-2.9	170F	2.9	50BP-35	15	35	2600	56	7~9	20PY	4	6×3.1	0.3	19	2.97
PC35-2.9	170F	2.9	50BP-35	15	35	2600	56	7~9	30PY	1	12	0.35	27	9.5
PC45-4.4	R175	4.41	50BP-45	20	45	2600	58	7~9	15PY	9	5×3	0.3	15.5	2.16
PC45-4.4	R175	4.41	50BP-45	20	45	2600	58	7~9	20PY	6	6×3.1	0.4	19.5	3.4
PC45-4.4	R175	4.41	50BP-45	20	45	2600	58	7~9	40PY	1	15	0.4	35	17.6
PC55-8.8	S195	8.8	65BP-55	36	55	2900	64	7~9	20PY	10	6×3.1	0.4	19.5	3.4
PC55-8.8	S195	8.8	65BP-55	36	55	2900	64	7~9	40PY	2	15	0.35	29.5	14
PC55-8.8	S195	8.8	65BP-55	36	55	2900	64	7~9	50PY	1	20	0.5	42.3	31.2
PC55-11	S1100	11	80BP-55	50	55	2900	66	7~9	20PY	15	6×3.1	0.4	19.5	3.4
PC55-13.2	S1110	13.2	CB80-55	50	55	2900	70	7~9	20PY	18	6×3.1	0.4	19.5	3.4
PC60-18.5	ZS1125	18.5	100BP-60	60	60	2900	66	7~9	20PY	22	6×3.1	0.4	19.5	3.4

　　江苏农户土地承包面积一般在 40~50 亩，吉林和黑龙江等省份土地承包面积一般都在 200 亩以上，最大的有 350 亩。当灌溉面积为 50 亩 (3.33hm²) 时，机组多采用全移动的方式。灌溉面积为 350 亩 (24hm²) 时，采用软管固定 (半固定) 多喷头系统以降低机组移动时的用工量，同时可以满足部分作物季节性固定灌溉的需求。故以 50 亩 (3.33hm²) 和 350 亩 (24hm²) 为例，对机组进行配置，方案如下。

　　1) 50 亩

　　(1) 方案一：选用 PC30-2.2 手抬式喷灌机组。

　　机组照片见图 2-1。基本配置为：1 台 R165 柴油机、1 台 50ZB-30C 喷灌自吸泵、Φ50 橡胶进水管 8m、手抬式机架及机组安装螺栓。

图 2-1　PC30-4.4 手抬式喷灌机组

　　选配一：Φ50 的涂塑软管 20m，手持喷枪 1 个。

　　选配二：7 套 15PY 喷头及配套装置 (7×15PY)、Φ50 的涂塑软管 105m。

　　单台控制面积为 2.36 亩，组合间距 15m×15m，平均喷灌强度 7.13mm/h。对于苏南地区作物灌溉，当一次性作业时间 2h，灌溉周期为 5d 时，灌溉周期内控制面积 47.3 亩。

　　(2) 方案二：选用 PC45-4.4 手抬式喷灌机组。

　　机组照片见图 2-2。基本配置为：1 台 R175 柴油机、1 台 50BP-45 喷灌自吸泵、Φ50 橡胶进水管 8m、手抬式机架及机组安装螺栓。

　　选配一：Φ50 出水涂塑软管 20 米，手持喷枪 1 个。

　　选配二：1 套 40PY 喷头及配套装置 (1×40PY)、Φ50 的涂塑软管 40m。

　　选配三：6 套 20PY 喷头及配套装置 (6×20PY)、Φ50 的涂塑软管 120m。

　　单台控制面积为 3.6 亩，组合间距 20m×20m，平均喷灌强度 7.81mm/h。当一次性作业时间 2.4h，灌溉周期为 5d 时，灌溉周期内控制面积 54 亩。

图 2-2　PC45-4.4 手抬式喷灌机组

2) 350 亩

350 亩的典型地块形式为 400m×584m，系统采用软管固定 (半固定) 多喷头系统形式。选用 PC60-18.5 手推式喷灌机组。基本配置为：1 台 ZS1125 柴油机、1 台 100BP-60 喷灌自吸泵、Φ80 橡胶进水管 8m、手推式机架及机组安装螺栓。

选配 22×20PY、Φ80 的涂塑软管 440m。系统布置见图 2-3。

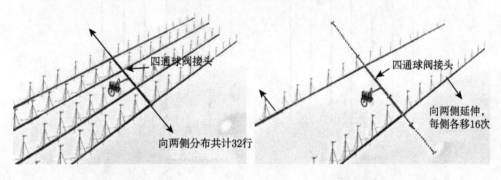

(a)软管固定式　　　　　　　　　　　　　(b)软管半固定式

图 2-3　PC60-18.5 喷灌机组灌溉 350 亩时的系统布置形式

机组单台控制面积为 12 亩，组合间距 20m×18m，平均喷灌强度 7.82mm/h。当一次性作业时间 2.44h，灌溉周期为 5d 时，灌溉周期内控制面积 350 亩。

该系统型式能适用于灌水次数多，价值较高的经济作物如蔬菜、果园、茶叶等或园林工程，也可用于大豆、玉米等大田粮食作物。

其他灌溉面积的机组方案及配置方式选择跟上述方法类似。

2.1.3　存在的不足

经市场调研得到，该系列喷灌机在江苏、安徽、山东、山西、吉林、黑龙江等地都有一定应用。机组在研发、应用、推广的过程中，性能不断完善，如水泵自吸高度提高，喷头配套形式更加丰富，但轻小型移动式喷灌机组固有的移动固定用工量大，同一机组应对不同作物、不同灌溉面积及不同应用场合仍形式单一等情况尚未改变。因此提出移动固定多目标喷灌系统、组合式双支管多喷头喷灌系统两种低能耗轻小型移动式喷灌机组型式，以满足不同场合的应用需求及机组灌溉面积拓展的需要。

2.2　移动固定多目标喷灌系统

2.2.1　系统组合模式

为解决传统的采用"一"字形布置的轻小型喷灌机组根据用户需要进行固定、移动的问题，提出了一种移动固定多目标喷灌系统，如图 2-4 所示。根据地形、水源、种植结构、气候条件等因素，构建出适合我国农村条件的四种系统组合模式，可满足不同经济条件与灌溉条件地区的选择。

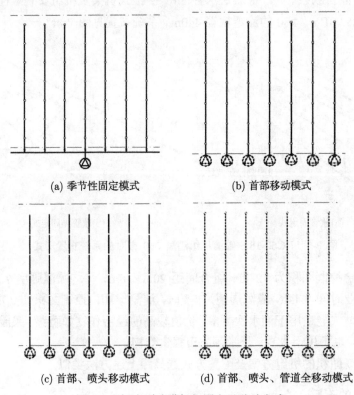

(a) 季节性固定模式　　　　　　　　(b) 首部移动模式

(c) 首部、喷头移动模式　　　　　(d) 首部、喷头、管道全移动模式

图 2-4　轻小型喷灌机组固定及移动方式

(1) 季节性固定模式，适用于经济条件好、灌水次数多的用户，如图 2-4(a) 所示。

(2) 首部移动模式，适用于经济条件较好、灌水次数较多的用户，如图 2-4(b) 所示。以上两种模式机组灌溉面积较大。

(3) 首部、喷头移动模式，适用于经济条件一般、灌水次数较少的用户，如图 2-4(c) 所示。喷头移动有利于机耕，管道固定则大大降低移管过程中的劳动强度。

(4) 首部、喷头、管道全移动模式，适用于经济条件差、灌水次数少的用户，如图 2-4(d) 所示。

上述移动固定多目标喷灌系统组合方式灵活，采用现有的水泵机组及喷头，管道采用涂塑软管，因而通用性较强，实施方便。手推车的使用提高了机组首部移动的便捷性。但由于喷头与管道是采用螺纹连接，且通过三条支杆插入地面固定，因而喷头的安装及移动耗工较大，机组长期使用易使螺纹连接部分锈蚀，拆卸困难，因此需要提高喷头与管道连接、移动的便捷性。

另外，轻小型喷灌机组中管道为多组首尾顺次相连，安装、拆卸过程复杂。系统安装过程中，当管道位置未确定时，喷头位置不能确定，造成总安装时间的增加。管道位置挪动时，喷头竖管也随之移动，易使安装好的喷头倾倒，压伤作物幼苗，因而喷头及管道连接部分的固定也是非常必要。

从上面分析可以得到，喷头及管道连接方式的改进是提高轻小型喷灌机组便捷性的关键。

2.2.2 机组关键部件改进

为提高轻小型移动式喷灌机组管道及喷头连接、移动的便捷性，实现移动固定多目标喷灌，研究人员开发了一种快速连接管件和一种喷灌用喷头及管道固定装置。

1) 快速连接管件

轻小型喷灌机组喷头安装时，需将喷头竖管与三通、两侧管道连接好之后，再套上三条支杆、安装喷头，最后再对三条支杆进行固定。移动拆卸时，由于喷头竖管与三通采用螺纹连接，需先将三条支杆松开，才能旋动喷头竖管。如图 2-4 所示，当喷头需要移动到下一个工作位置时，需要重复上述操作。一方面喷头安装过程繁复，拆卸存在一定难度，另一方面支杆频繁地插入和拔出泥土，极易对支杆造成损坏，系统便捷性和可靠性都较低。因此，为满足半固定式系统中的地埋干管与可移动支管或喷头快速连接的需要，研究人员开发了如图 2-5 所示的快速连接管件[94]。浮球式结构使得喷头立杆插在接口内即能取水，拔出接口即能自行密封，实现喷头和竖管的快速安装与拆卸，移动方便，具有结构简单、通用性强的特点。在一定场合，地面干管与喷头竖管的连接也可使用该结构。

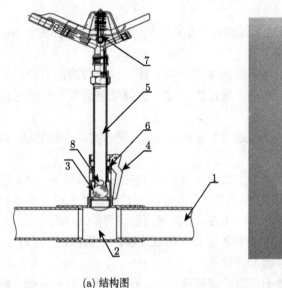
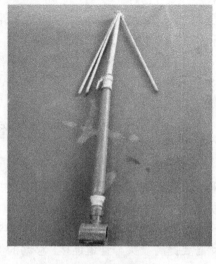

(a) 结构图　　　　　　　　　　　　　　　　(b) 实物图

图 2-5　一种快速连接管件示意图

1-输水软管；2-快速三通接头；3-浮球；4-手柄；5-竖管；6-密封圈；7-喷头；8-竖管进水孔

2) 喷头及管道固定装置

快速连接管件解决了喷头竖管与三通的快速连接问题，可以方便喷头移动。但对于采用地面软管的轻小型喷灌机组，田间使用时对喷头及管道进行固定也十分必要。这一方面是因为如前面所述管道及喷头分别安装、布设的需要，能够提高作业效率，同时对作物损伤减少。另一方面是因为灌溉过程中地面变湿、喷洒水量入渗至土壤中会导致土质变松，土壤与喷头支架插入泥土部分之间的摩擦力变小，削弱了喷头支架对竖管的固定作用，加之喷头本身运转对竖管产生的侧向力矩，以及风的影响，易使喷头竖管倾斜或倾倒，导致喷头不能正常运转，影响喷灌系统的正常工作。

为了解决上述问题，同时满足图 2-4(a) 所示，机组季节性固定的需要，研究人员开发了如图 2-6 所示的一种喷灌用喷头及管道固定装置[95]。它由支座稳定盘、双头螺柱、插地尖头和备用螺母组成。支座稳定盘则由底盘、可移动固定板、定位螺栓和竖管定位肋组成[95]。

图 2-6 中，支座稳定盘能提供一定面积的水平操作面，通过自重及与地面的接触对喷头及管道起到稳定和支撑作用。底盘、管道两侧可移动固定板及双头螺柱对主管道起到固定作用，竖管固定肋能防止竖管在旋转过程中倾斜[95]。插地尖头与支座稳定盘的螺纹连接使该固定装置既能用于田间土壤，又能用于水泥平地，且方

便搬运储存。备用螺母的存在使该装置能用于田间坡地及局部低洼的场合。底盘上的 T 型导轨、可移动固定板上的倾斜腰圆及竖管定位肋的设置使该装置能应用于不同管径的管道。

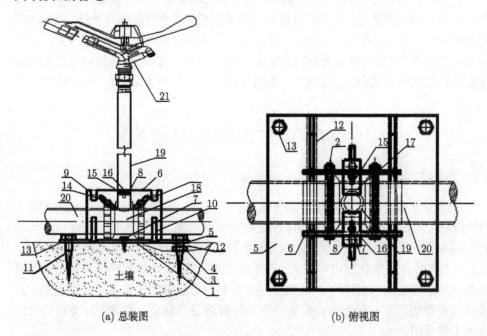

(a) 总装图　　　　　　　　　　(b) 俯视图

(c) 实物图

图 2-6　一种喷灌喷头及管道固定装置

1-支座稳定盘；2-双头螺柱；3-插地尖头；4-备用螺母；5-底盘；6-可移动固定板；7-定位螺栓；8-竖管定位肋；9-插地尖头承放口；10-侧边加强板；11-外螺纹；12-T 形导轨；13-通孔；14-倾斜腰圆孔；15-腰圆孔；16-移动竖管定位螺栓；17-承接台；18-三通；19-喷头竖管；20-铝管；21-喷头

田间平地安装时，先将三通与两端涂塑软管或铝管接头连接好，再将三通放入两块固定板中间，移动固定板卡紧三通两侧，将定位螺栓卡紧固定板，装上双头螺柱并拧紧，然后将三通与喷头竖管连接，再将插地尖头插入泥土中。拆卸时，过程相反。

喷头及管道固定装置虽然较常用喷头支架用料更多，但能使管道及喷头固定更加可靠，以保证喷头正常工作及较高的喷灌质量；整体安装移动便捷，操作时作用范围集中，单人用手操作即可，另外占地面积小，垄间人行及作业方便，工作效率及机组利用率提高。该装置解决了喷灌过程中因土壤变湿、风的影响或管道略微移动导致竖管倾斜的问题，置固定、移动方便，可用于平地及坡地，且省时省力。

2.3   组合式双支管多喷头喷灌系统

2.3.1   系统构成

移动固定多目标喷灌系统与新型喷头及管道固定装置的应用可以较大程度上解决 "一" 字形布置时机组的移动、固定便捷性的问题。但当土地适度规模经营场合，农田承包户灌溉面积需要拓展时，机组因配套喷头数多导致的能耗较高、管道沿程喷头工作压力变化率大等情况还是未能改变。同时，传统的轻小型移动式喷灌机组及移动固定多目标喷灌系统都存在喷头间距难以根据田间应用条件调整，丘陵地区或作物间作套种对喷头配置的要求不好满足等缺点，管道的固定移动时间上也不好分配。

因此，为了使上述问题得到改善，开发图2-7所示的一种组合式双支管多喷头喷灌系统，由传统的 "一" 字形布置改变为由一条主管道与多对双支管及喷头组成的系统模式[96]。该系统能根据用户对灌溉均匀性的要求及地块形状、风向风速情况，

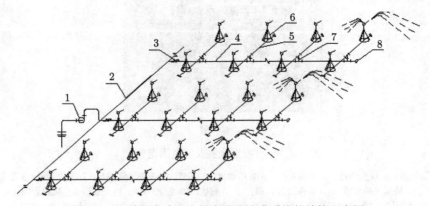

图 2-7   一种组合式双支管多喷头喷灌系统的结构示意图

1-水泵机组；2-供水主管；3-支路控制阀；4-分干管；5-若干组双支管；6-喷头；7-组合四通；
8-堵头；

通过将所有双支管和喷头转动一定角度，实现矩形喷洒(矩形布置)、三角形喷洒(三角形布置)，如图 2-8 所示；在经济条件较差地区或需要应急抗旱的场合，可以手持支管直接进行浇灌，如图 2-9 所示。由于每个喷头与支管单独连接，故能很好地适应地形坡度的变化。双支管分流则使管道水力损失变小，喷头工作压力稳定、灌溉均匀性提高，能耗也有可能降低。

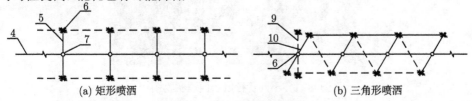

(a) 矩形喷洒   (b) 三角形喷洒

图 2-8　矩形及三角形喷洒

4—分干管；5—若干组双支管；6—喷头；7—组合四通；9—矩形喷洒工作位置；10—三角形喷洒工作位置

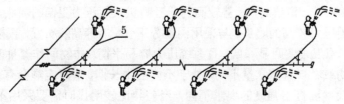

图 2-9　手持支管浇灌

5—若干组双支管

2.3.2　关键部件设计

组合式双支管多喷头喷灌系统的关键部件是连接分干管和组合式双支管的组合四通。其结构图如图 2-10 和图 2-11 所示，由上三通和下三通交错连接组成，上三通连接双支管及喷头，下三通连接分干管。对于不同管径管道，上三通基本不变，只需变换下三通，因此结构通用性强，且能回收。该结构使得双支管及喷头可以成组地安装、移动，每条分干管与相应的双支管及喷头形成一个单元模块，控制方便，供水主管固定、收卷方便，故在灌溉季节该系统管路能有序布设，提高作业效率。当部分喷头发生故障，维修工作不影响其他喷头的正常进行。

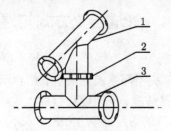

图 2-10　组合四通结构图

1—上三通；2—连接口；3—下三通

图 2-11　不同管径组合四通实物图

　　组合四通及双支管的使用还可以使系统方便地应用于丘陵地区坡地喷灌及作物间作套种。此时,主管道可以沿等高线布置,双支管及喷头顺山势自上而下布置。此时,当坡度大于一定值时,地势较高的一行喷头采用压力更低的喷头,地势低的一行喷头采用压力较高的喷头。与采用两条分干管,沿等高线布置,直接与两行喷头相连相比,施工难度明显降低,且系统压力容易平衡。作物间作套种时,同时种植的两种作物或者自身需水量不同,处于不同的生长期,灌溉定额会有差异,因而对喷灌强度及雨滴打击强度的要求不同,当差异比较明显时需要采用不同类型的喷头,矮秆作物或需水量少的作物采用规格较小的喷头,高秆作物或需水量大的作物采用规格较大的喷头,两行喷头间距可稍微调整,必要时可从小喷头一侧支管处再连接分路补充安装喷头。与采用“一”字形布置的轻小型移动式喷灌机组相比,该系统喷头连接及系统扩展更加灵活。

　　组合式双支管多喷头喷灌系统,与传统的采用“一”字形布置的轻小型移动式喷灌系统相比,支管管径减小、成本及能耗降低,可配喷头数增多,机组便捷性、灵活性提高。适用于经济作物及幼嫩作物的灌溉,以及需要浅水勤灌,经济条件好或劳动力较缺乏的场合。该系统形式为喷灌机组在一定流量及动力范围内,机组灌溉面积及用途拓展提供了基础。

2.4　管道配置方式拓展

　　移动固定多目标喷灌系统为“一”字形布置的轻小型喷灌机组管道布置提供了多种选择,组合式双支管多喷头喷灌系统则使系统组合形式进一步拓展。但机组实际应用中,对于不同水源位置情况、不同地块特点、不同经济条件的农户,他们对管道布置形式及机组构成部分的固定、移动方式需求不一。因此,将上述两种系统中的支管布置方式,与两条平行支管布置一起讨论,如图 2-12 所示[97]。一般认为当配置喷头数达 10 个以上时,采用两条平行支管布置或组合式双支管的布置方式可以降低管道沿程损失及喷头工作压力极差，在一定范围内使配置喷头数增加。将三种支管布置方式与图 2-13 喷灌管网梳齿形、"丰"字形两种基本的管道布置形式结合起来，构成两级以上的喷灌管网，使机组灌溉面积及应用场合得以拓展，为机组的实际应用及用户的多元化选择提供参考[98,99]。

考虑系统的固定、半固定及全移动等形式，以机组配置 10 个喷头为例，构建出如图 2-14~图 2-17 所示 11 种管道布置方式。

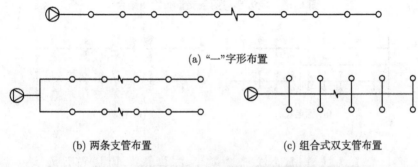

(a) "一"字形布置

(b) 两条支管布置　　　　　　　　(c) 组合式双支管布置

图 2-12　轻小型移动式喷灌机组支管布置方式

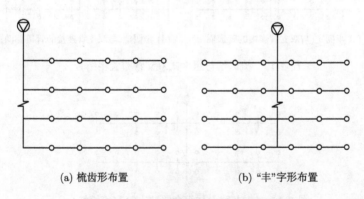

(a) 梳齿形布置　　　　　　　　(b) "丰"字形布置

图 2-13　固定式喷灌系统管道布置方式

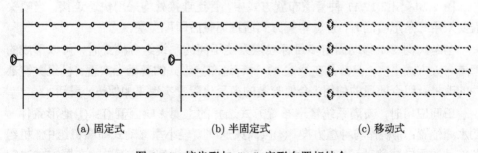

(a) 固定式　　　　　(b) 半固定式　　　　　(c) 移动式

图 2-14　梳齿形与 "一" 字形布置相结合

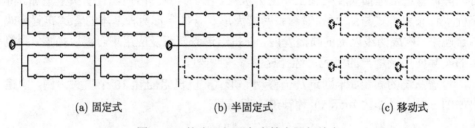

(a) 固定式   (b) 半固定式   (c) 移动式

图 2-15   梳齿形与两条支管布置相结合

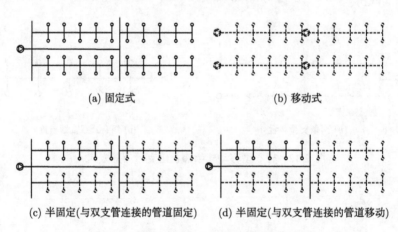

(a) 固定式   (b) 移动式

(c) 半固定(与双支管连接的管道固定)   (d) 半固定(与双支管连接的管道移动)

图 2-16   梳齿形与组合式双支管布置相结合

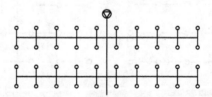

图 2-17   "丰"字形与组合式双支管布置相结合

图 2-14~图 2-17 11 种管道布置方式中，管道连接处均采用快速连接。当喷头需要采用三角形喷洒时，管道布置方式通过调整后即可实现。

当考虑图 2-4 移动固定多目标喷灌系统不同的系统组合模式时，可以形成的管道布置方式更多，但都是在上述 11 种管道布置形式的基础上实现。机组关键部件的改进及组合四通的使用，会使管道的多元化配置实现更加便捷、灵活。

田间应用时，喷灌系统管道布置方式选择的主要影响因素有：①地形条件；②水源位置；③耕作与种植方向；④风向风速[98]。轻小型移动式喷灌机组中，机组各部件的固定或移动还取决于当地经济条件及劳动力情况。管道的布置方式决定了轻小型喷灌机组中支管的移动方向及劳动强度的大小，需综合考虑。

(1) "一"字形、两条支管、组合式双支管的选择。当机组配置 6 个喷头左右或以下时，采用"一"字形布置即可。两条支管布置结构简单，组合喷灌均匀性较"一"字形布置更高，但安装过程较复杂。组合式双支管的使用较灵活，如果系统各连接部分及管件能够合理配套，使成本进一步降低、可靠性提高，在需要多喷头低压喷洒的场合能发挥很好的效益。三种支管布置方式的优劣需通过理论计算、综合评价对比得到。

(2) 梳齿形与"丰"字形布置方式的选择。当灌溉面积较大时，管网主体布置形式主要取决于水源位置。井灌区机井在地块中心时，采用"丰"字形布置，支管一般按耕种方向布置。当水源在地角或边缘，田间机行道或农业机械操作方向在地块边缘时，采用梳齿形布置。一般"丰"字形布置管道水力损失更小，系统水力平衡更好。当沿作物耕种方向喷灌支管过长时，宜改用"丰"字形布置。

2.5 本章小结

(1) 针对现有轻小型移动式喷灌机组存在的不足，提出两种低能耗多功能轻小型移动式喷灌机组。对轻小型移动式喷灌机组的系统组合模式进行改进，提出一种移动固定多目标喷灌系统，使机组固定、移动更加方便，对不同的地形、作物种植结构和农村经济条件适应性增强。同时对管道配置方式进行拓展，提出一种组合式双支管多喷头喷灌系统，使机组灌溉面积增加，喷灌均匀性提高，同时可以方便地实现矩形和三角形喷洒，对地形坡度适应性强。

(2) 对低能耗多功能轻小型移动式喷灌机组的关键部件进行设计。开发一种快速连接管件和一种喷灌用喷头及管道固定装置，使喷灌机组固定更加可靠，移动更加便捷。提出由上三通和下三通构成的组合四通结构，方便组合式双支管的连接。

(3) 管道配置方式拓展。总结出适用于大中型面积的灌溉管网布置方式，为用户提供多元化选择。在传统的固定、半固定、全移动管网布置基础上，与轻小型喷灌机组常用的"一"字形、两条支管布置和组合式双支管相结合，参考固定管网中梳齿形和"丰"字形两种基本形式，构成了 11 种管道布置方式，使轻小型喷灌机组在有限的动力及流量范围内灌溉面积得到拓展。

第3章 轻小型移动式喷灌机组单目标优化

机组的选择、喷头的配置及管道的布置等因素都会影响到机组的能耗、成本、喷灌质量及操作便捷性等性能指标。机组的成本主要反映初投资的高低，与农户的经济条件密切相关；机组能耗反映运行费的大小。喷灌质量是喷灌系统的重要技术指标，而操作便捷性有时则是当今农村劳动力逐渐转移的大形势下决定机组适应性的直接因素。

机组性能指标的影响因素及规律各有差异。机组能耗主要受喷头工作压力、喷头数、管径、喷头间距等因素影响。机组成本受喷头种类、喷头数、管径、管件多少等因素影响。喷灌质量多以克里琴森喷灌均匀系数表征，主要受喷头参数、管道布置方式及气候参数等因素的影响[37]。操作便捷性可以用操作时间表征，主要受喷头数、管道长度、管道连接复杂程度、操作条件等因素影响。上述四个指标是反映轻小型移动式喷灌机组性能及适应性好坏的主要指标，需单独分析，从而为机组的多指标评价、多目标优化、性能改进及喷灌技术的推广提供理论基础。故分别以单位能耗、机组成本、喷灌均匀性、操作时间为目标对低能耗多功能轻小型移动式喷灌机组进行优化。机组能耗与机组的运行状态或组态密切相关，喷灌均匀性是有些场合考察喷灌系统性能的主要技术指标，因此对机组能耗及均匀性的影响因素进行系统的理论分析。

3.1 机组优化数学模型

喷灌机组的配置优化主要是根据水泵的性能参数配备相应喷头及管道，或根据田间作物灌溉需求、土壤条件选配一定数量的喷头及管道，再根据管道水力计算结果选择合适的水泵及动力机组，由于喷头及管道的流量、压力相互关联，因而是较复杂的组合优化问题。

在典型的优化问题中，目标函数的变量与约束条件中的变量一般为对应的关系，而在轻小型喷灌机组的配置优化中，目标函数中的变量与约束条件中的变量经常不是直接的对应关系，而是存在间接的联系[100]。例如，通常管道水力计算的目标为系统造价或年费用，而约束条件多为流速或压力约束、管径逐级递减约束和非负约束等，需要通过水力计算将机组配置参数与性能参数联系起来[101,102]。因此，喷灌机组水力计算模型的选择会影响到优化结果的合理性。

关于轻小型喷灌机组配置优化方面的研究，除王新坤等[103]、朱兴业等[104] 有过探索外, 其他学者目前研究很少。相比之下, 国内外学者对灌区输配水管网或微灌管网方面的研究较多, 固定式、半固定式喷灌系统的合理设计前人也有涉及[105−107]。但一方面轻小型移动式喷灌系统需要满足喷头的最低工作压力及管道沿程合理的喷头工作压力极差, 保证喷头正常工作, 因而与微灌管道对一定水力坡降进行合理分配的管道设计特点存在差别; 另一方面, 轻小型喷灌机组喷头及管道与水泵直接相连, 因此管道设计、优化中需考虑水泵工况, 使其处在高效区范围内, 因而与固定式、半固定式系统中动力机泵独立控制、管网独立设计存在一定的差别。王新坤等[103] 提出的轻小型移动式喷灌机组水力计算模型对上述因素考虑的较为全面, 因此采用该模型进行管道的水力计算。

3.1.1 喷灌机组水力计算方法

以多孔出流管道水力计算原理为基础, 采用退步法进行轻小型移动式喷灌机组的管道水力计算, 机组构成及喷灌管路如图 3-1 所示[103]。先通过水力计算得到管路特性曲线, 再通过拟合的方法对厂家提供的水泵流量扬程曲线进行处理, 二者进行匹配后的结果才是喷灌机组的运行工况[97]。

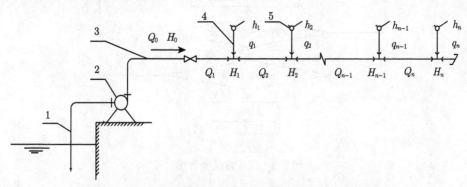

图 3-1 轻小型喷灌机组系统组成及管道水力计算示意图

1–进水管; 2–动力机和水泵; 3–喷灌管道; 4–喷头竖管; 5–喷头

3.1.2 约束条件

约束条件的设置与文献 [97] 和文献 [108] 的模型一致, 要求管道末端喷头工作压力在设计压力的 90% 以上, 喷头间工作压力变化率低于喷头设计压力的 20%。同时, 保证水泵与管道协同运行, 即要求由水泵特性曲线拟合得出的水泵出口工作压力、流量等于由水力计算得到的管道入口压力、流量。最大喷头数也是约束条件之一, 根据滴灌带设计中对应某一管径管道最大铺设长度的计算方法得出喷灌系统最大和最小配置喷头数的计算公式[108]。

3.1.3　遗传算法优化

以管道管径、喷头数、管道末端喷头工作压力为决策变量，通过遗传算法不断的迭代优化，使水泵为管路协同运行工况得以实现，同时计算出每个管道节点上喷头的压力和流量[97,108]。机组配置优化的遗传算法程序流程如图 3-2 所示，采用的遗传算法为标准遗传算法，同时结合了精英保留策略，以使最优解不在遗传操作中丢失。适应度计算中采用罚函数法对优化目标进行处理，对离散管径采用整数编码方式。

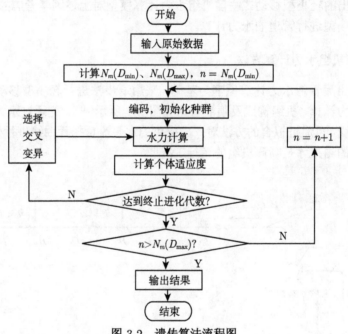

图 3-2　遗传算法流程图

适应度函数的构造方法如下：

$$\min f(n, h_n, D_i) = G + \mu_1 |H_0 - H_b| + \mu_2 |\min(0, h_{\text{pmin}} - 0.9h_p)|$$

$$+ \mu_3 \left| \max\left(0, \frac{h_{\text{pmax}} - h_{\text{pmin}}}{h_p} - 0.2\right) \right| \tag{3-1}$$

$$\text{Fit} = \frac{1}{1 + f(n, h_n, D_i)} \tag{3-2}$$

式中，G 为优化目标；Fit 为适应度函数 (fitness)；μ_1、μ_2、μ_3 为惩罚因子；n 为喷头数，个；h_n 为管道末端喷头的工作压力水头，m；D_i 为第 i 段管道的直径，mm；H_b 为水泵特性曲线拟合的水泵出口工作压力水头，m；H_0 为水力计算管道得到的入口处工作压力水头，m；h_{pmin} 为喷头最小工作压力水头，m；h_p 为喷头设计工作压力水头，m；h_{pmax} 为喷头最大工作压力水头，m。

根据轻小型移动式喷灌机组优化的问题规模及决策变量的特点，应用竞赛规模为 2 的锦标赛选择算子实现选择操作，应用算术交叉算子方法实现交叉操作，应用实值变异算子实现变异操作[97]。应用基于遗传算法的喷灌机组优化模型，即可计算得到不同优化目标下的机组最优配置方式，以及该配置方式下水泵性能参数、各段管径及管道沿程工作压力等，从而能对机组整体性能作较全面的分析。

3.2 机组能耗最低为目标

我国农业机械能耗比国际先进水平高 30%，喷灌动力消耗已经占据农业机械能耗的很大一部分[2,109]。目前，从喷灌系统考虑，比较详细地分析影响机组能耗的主要因素方面的研究甚少[100−112]。在我国能源问题日益显著的情况下，以能耗为目标对轻小型移动式喷灌机组进行优化，并系统地研究喷灌机组能耗影响因素及参数间相互作用的规律，对优化机组配置、降低系统能耗、促进喷灌技术及高效低碳农业发展都有非常重要的理论和现实意义[22]。

3.2.1 单位能耗计算方法

为使评价指标具有直观可比性，采用喷灌机组单位能耗作为轻小型移动式喷灌机组能耗的评价指标[23]。它表示水泵将单位水量提升单位高度所消耗的能量，用式 (3-3) 表示[23]：

$$E_{\mathrm{p}} = \frac{H}{36.7\eta_{\mathrm{b}}\eta_{\mathrm{d}}\eta_{\mathrm{p}}} \tag{3-3}$$

式中，E_{p} 为喷灌机组单位能耗，kW·h/(mm·hm²)；H 为水泵扬程，m；η_{b} 为水泵运行效率；η_{d} 为动力机的运行效率；η_{p} 为田间喷洒水利用系数。

研究结果表明，该公式在机组配置喷头不同、机组流量不同、灌溉面积不同、管道布置方式不同等情况下均能提供较简洁的计算方法，比前人用到的单位面积能耗及喷灌单位水量所需能耗都更能反映不同机组配置的特点，从而更利于机组的比较和选择[20]。

3.2.2 能耗影响因素分析

从式 (3-3) 可以看到，喷灌机组的能耗主要受水泵扬程的影响，同时与动力机和水泵的运行效率，以及田间喷洒水利用系数有关[22]。其中水泵效率主要取决于水泵叶片的水力设计，是传统意义上提高喷灌机组效率、降低能耗的主要途径之一。对于自吸泵而言，开发新的自吸结构，提高自吸性能和水泵效率也是目前降低机组能耗的方法之一[113,114]。但通过提高水泵效率从而降低系统能耗的空间有限，一般能耗降低率在 5% 左右或以内。

　　当动力机、水泵、喷头类型等部件选定以后，轻小型移动式喷灌机组的能耗主要受管道布置方式及运行参数的影响[22]。西班牙 Moreno 等[20]和 Rodriguez 等[19]对灌区管网的系统能耗分析表明，通过管道优化配置及合理运行可以使灌溉系统能耗降低 10.2%，甚至 27%。这些研究表明，系统的合理配置能有效降低喷灌系统的能耗。

　　式 (3-3) 中当喷灌机组各部件选好以后，机组能耗主要受水泵扬程的影响。进一步分析可以发现，机组能耗主要受喷头间距 a(m)、管道管径 D(mm)、喷头数 n(个) 及管道末端喷头工作压力 p_{min}(MPa) 四个因素的影响[111]。采用前面描述的喷灌机组优化配置模型，并对其进行适当的简化，可以计算得到特定配置下机组的单位能耗及管道沿程喷头流量、压力等参数。

　　1. 机组基本参数

　　为了研究机组配置及参数间交互作用对机组能耗的影响，采用正交设计方法进行研究。选取表 2-1 江苏旺达喷灌机厂生产的型号为 PC45-4.4 的机组，该机组配套水泵为 50BP-45，额定工况下，流量 $Q= 20\text{m}^3/\text{h}$，扬程 $H=45\text{m}$，效率 $\eta_b=58\%$[22,108]。由水泵试验曲线拟合到的扬程及效率曲线如下：

$$H = -0.0055Q^3 + 0.1745Q^2 - 1.3521Q + 47.7914 \tag{3-4}$$

$$\eta_b = -0.0033Q^3 - 0.0253Q^2 + 4.716Q + 1.0962 \tag{3-5}$$

　　选取摇臂式喷头 15PY，管道采用 "一" 字形布置。15PY 喷头性能参数通过试验测得。表 2-1 中厂家推荐的机组配置方式为喷头间距 $a=15\text{m}$、管径 $D=50\text{mm}$、喷头数 $n=9$、喷头工作压力 $p_{min}= 0.3\text{MPa}$，能耗影响因素分析及机组配置优化效果将其作为参考。

　　2. 能耗影响因素水平选取

　　依据配置喷头的性能参数、现有机组配置方式及管道水力计算的初步结果，综合进行能耗影响因素水平选取，因素水平表如表 3-1。考虑机组四个配置参数及其相互作用，采用含交互作用的正交表 $L_{27}(3^{13})$ 对机组能耗进行分析。交互项为喷头间距与喷头数、喷头间距与管径、管径与喷头数、喷头间距与工作压力共四项。理论计算结果见表 3-2[115]。

表 3-1　机组能耗分析因素水平表

水平	因素 A 喷头间距 a/m	因素 B 管径 D/mm	因素 C 喷头数 n/个	因素 D 喷头工作压力 p_{min}/MPa
1	12	50	9	0.25
2	15	65	10	0.30
3	18	80	11	0.35

表 3-2　机组单位能耗仿真计算结果　(单位: $kW \cdot h/(mm \cdot hm^2)$)

能耗	编号 1	编号 2	编号 3	编号 4	编号 5	编号 6	编号 7	编号 8	编号 9
E_p	5.319	5.703	7.774	5.702	5.565	5.379	5.687	4.638	5.837
能耗	编号 10	编号 11	编号 12	编号 13	编号 14	编号 15	编号 16	编号 17	编号 18
E_p	5.850	6.553	5.687	7.107	4.942	5.464	4.530	5.557	5.405
能耗	编号 19	编号 20	编号 21	编号 22	编号 23	编号 24	编号 25	编号 26	编号 27
E_p	6.027	5.814	6.807	4.831	5.610	6.155	4.576	5.539	5.170

3. 计算结果讨论

根据 IBM SPSS Statistics 19 对机组能耗计算方差分析的结果,综合选取 8 个影响因素进行分析,包括表 3-1 中 4 个配置参数,和 4 个交互作用,按交互项对机组能耗影响的强弱依次为喷头间距与喷头数、管径与喷头数、喷头间距与管径、喷头间距与工作压力。

1) 单因素对机组能耗的影响

借助正交设计助手 II v3.1[①],利用其自带的正交实验数据分析功能可以得到各因素对机组能耗影响的效应曲线图,如图 3-3 所示。喷头工作压力对能耗的影响最明显,因此降低机组能耗的首要措施为选择和开发低压喷头;其次为管道管径,管径越大,能耗越低,故在实际应用中不能仅为追求低成本而选择小管径的设计;喷头数的影响也很明显。同时可以看到,喷头间距对能耗的影响曲线较平坦,对机组能耗的影响主要体现在与其他参数的交互作用中。分析结果与机组能耗影响因素方差分析和极差分析结果相符。

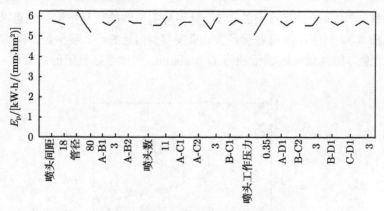

图 3-3　机组能耗多因素效应曲线图

2) 配置参数交互作用的影响

四对交互作用下喷灌机组单位能耗等值线图如图 3-4~图 3-7 所示。

①正交设计数据分析软件 (小程序),在试验科学领域中应用较多。

从图 3-4 可以看出，喷头间距和喷头数的交互作用最明显。图 3-5 和图 3-6 喷头数与管径、喷头间距与管径的交互作用对能耗的影响相当。而且这两幅图中管径的作用更加明显。图 3-7 喷头间距与工作压力的交互作用对机组能耗的影响要弱得多，喷头工作压力起主导作用。

(1) 喷头间距和喷头数交互作用的影响。从图 3-4 可以看出，随着喷头数增多，机组单位能耗先减小后增大。图 3-4 中，存在两个机组能耗最低区域，即喷头数为 $n=10$、间距 $a=12\sim13\text{m}$ 附近 (区域 1)，与间距 $a=16\sim18\text{m}$、$n=9$ 附近 (区域 2)；当 $n>10$、$a<14\text{m}$ 时，机组单位能耗最高且比较敏感，最高值达 $6.2\text{kW·h}/(\text{mm·hm}^2)$；在区域 2 中，选择大一些的喷头间距能有效降低能耗，但从机组整体性能方面分析，还需考虑喷头间距对组合喷灌均匀性的影响。

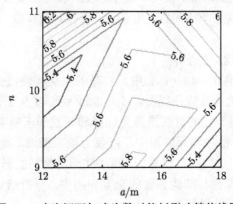

图 3-4 喷头间距与喷头数对能耗影响等值线图

(2) 管径与喷头数交互作用的影响。管径与喷头数的交互作用对机组单位能耗的影响见图 3-5。机组能耗沿着管径大、喷头数少向管径小、喷头数多的方向由低到高变化。总体能耗最低区域管径为 $D=80\text{mm}$，但如考虑机组的总费用，需进一步分析。

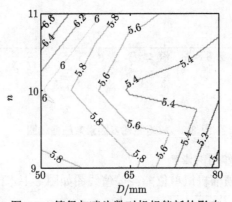

图 3-5 管径与喷头数对机组能耗的影响

(3) 喷头间距与管径交互作用的影响。图 3-6 中，机组能耗的等值线梯度几乎与纵坐标方向相反，管道管径对机组能耗的影响起主要作用。同时可以清晰地看到，喷头间距 $a = 15$m 时与两侧 $a = 12$m 和 $a = 18$m 时的能耗差别较大。因而喷头间距的选择需根据管径的选择而定。

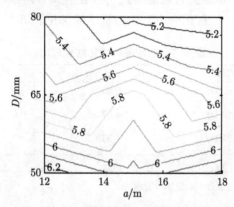

图 3-6 喷头间距与管径对机组能耗的影响

(4) 喷头间距与工作压力交互作用的影响。图 3-7 中，喷头间距与工作压力的交互作用分析结果表明，喷头间距的选择需根据喷头工作压力而定。

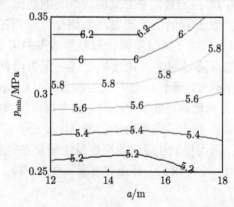

图 3-7 喷头间距与喷头工作压力对能耗的影响

3) 最优组合确定

最优组合选择以现有组合方式为参考，将单因素正交实验及考虑交互项实验所得的最优组合进行对比。

对照因素水平表 3-2 和表 2-1，厂家现有机组配置方式 (优化前) 记为 $A_2B_1C_1D_2$ (组合 I)。考虑单因素作用的正交试验及水平选取与表 3-2 一致，采用正交表 $L_{27}(3^{13})$ 进行分析，所得机组配置参数最优方式为 $A_3B_3C_1D_1$(组合 II)，影响因素主次顺序为管径、喷头工作压力、喷头间距与喷头数[22]。

考虑交互作用的机组配置最优组合方式选择时，需将正交实验方案表 3-2 中出现的交互项所有搭配方式下的机组单位能耗进行平均，再比较平均值的大小。分析得到，考虑交互作用得到的机组配置最优组合方式有两组，$A_3B_3C_1D_1$（组合 II）与 $A_2B_3C_1D_1$（组合 III）。三种组合方式下的机组能耗见表 3-3。

表 3-3　机组能耗优化结果对比

组合编号	组合方式	E_p/(kW·h/(mm·hm^2))	单位能耗降低率 $\triangle E_p$/%
I *	$A_2B_1C_1D_2$	5.850	—
II	$A_3B_3C_1D_1$	4.575	21.8
III	$A_2B_3C_1D_1$	4.530	22.6
试验平均值		5.675	3.0

* 表中组合 I 为优化前的组合，如表 2-1 所示。

单因素正交分析与考虑交互作用方法得到的影响因素排序对比发现，考虑交互项的方法可以找出潜在作用的因素；单因素正交分析对喷头间距及管径的影响估计过大，而考虑交互项的能耗影响正交分析方法对因素间交互作用规律分析更为细致，能为更大范围内机组配置组合方式的选取及能耗比较提供依据。

从表 3-3 可见，厂家推荐的机组配置与考虑交互作用正交试验得到的机组平均能耗相差仅为 3%，证明了正交实验计算整体结果的可靠性。组合 II 与组合 III 比优化前组合 I 的能耗降低很多，通过机组优化配置降低能耗空间较大。两种组合下机组能耗相差不大，最优组合方式为组合 III（$A_2B_3C_1D_1$），此时能耗为 4.53kW·h/(mm·hm^2)，比优化前降低了 22.6%，比考虑单因素作用的优化结果（组合 II）降低了 1.0%。同时，组合 II 与组合 III 的喷头间距一致，说明 $a=15$m 时更为合理，能为用户所接受。因而使能耗最低的机组最优配置方式为喷头间距 $a=15$m、管径 $D=80$mm、喷头数 $n=9$、喷头工作压力 $p_{min}=0.25$MPa。

4. 回归模型的建立

在机组能耗影响因素系统分析的基础上，建立含交互作用的机组能耗多元回归模型。采用 SPSS Statistics 19 和 MATLAB 计算相互验证得到的喷灌机组能耗回归模型为

$$E_p = 1.407 - 0.02A - 0.032B + 0.225C + 10.558D$$
$$+ 0.069AC + 0.218BC + 0.080AB + 0.018AD \tag{3-6}$$

该回归模型得到的机组能耗与各影响因素之间的复相关系数为 0.880，拟合线性回归的确定性系数为 0.774。F 统计量为 7.686，显著性概率达 0.0002。查统计学

F 分布表得 $F_{0.001}(8,18)$ 值为 5.76。图 3-8 为回归标准化残差的标准 $P\text{-}P$ 图。图中 P_{co} 为观测的累积概率；P_{ce} 为期望的累积概率；E_p 即优化目标 (因变量)。图中，所有点基本位于一条直线上，回归方程 (3-6) 有意义；该图表示因变量为单位能耗 E_p 时观测的累积概率与期望的累积概率一致性情况。

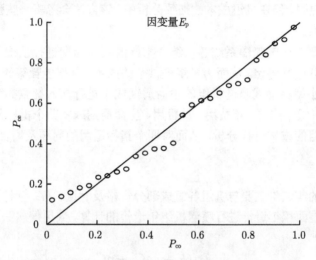

图 3-8　机组能耗方程回归标准化残差的标准 $P\text{-}P$ 图

5. 结论

(1) 含交互项的正交组合设计可将机组能耗影响因素之间的交互作用视为独立因素处理，参数优化效果显著，使该方法能有效应用于机组配置参数的优化设计。在此分析结果的基础上，建立了喷灌机组能耗的多元回归模型，该模型稳定可靠。

(2) 轻小型喷灌机组能耗对喷头工作压力的变化最敏感，其次为管道管径，喷头间距对能耗的影响主要体现在与其他参数的交互作用中。机组配置参数最优组合方式为喷头间距 $a=15\text{m}$、管径 $D=80\text{mm}$、喷头数 $n=9$、喷头工作压力 $p_{min}=0.25\text{MPa}$，此时能耗 $E_p=4.530\ \text{kW}\cdot\text{h}/(\text{mm}\cdot\text{hm}^2)$，比优化前降低了 22.6%，比只考虑单因素作用得到的最优组合方式降低了 1.0%。

(3) 机组能耗影响因素相互作用规律能为喷灌机组优化配置与系统节能降耗提供一定的理论依据，但实际工程中最优组合还需考虑配置方式对组合喷灌均匀性及机组总费用的影响，能耗实际值则需通过试验测得。

3.3　机组成本最低为目标

综观国内外喷灌机组或管道优化计算方面的研究成果，以机组成本为目标的研究最多[116]。机组成本指标中，目前主要有机组年造价或初投资、年费用、总费用三类。其中年费用包含了年造价 (或建设费) 与运行费，运行费一般指能耗费，一些研究中也包括水费，本书中暂不计入水费。年造价的折算方法有静态法和动态法[117]。总费用的计算是考虑了机组使用寿命，本质上是对机组生命周期成本 (life cycle cost, LCC) 的一种估算方法，计算过程与 LCC 相比更加简单，对灌溉技术人员来讲操作性更强，但在机组成本的细致分析中，该方法会忽略一些引起不同机组成本差异的因素。

本书中需要对影响喷灌系统各项综合指标的具体因素进行系统分析，对机组成本各组成部分进行对比，从而为机组提供节约成本、降低能耗等的改进措施，因此有必要对轻小型移动式喷灌机组的生命周期成本进行深入细致的分析。鉴于以上考虑，采用机组年造价、年费用、总费用、生命周期成本四个指标分别对轻小型移动式喷灌机组的成本进行分析，从而对四个指标适用的问题及场合进行明析。

3.3.1　年造价

喷灌机组的年造价主要与机组各组成部分价格及管道长度、管件数量有关。采用机组单位喷灌面积年造价进行喷灌机组年造价的计算，采用静态法进行折旧，所得表达式为[118]

$$C_{\mathrm{F}} = \frac{r(C_{\mathrm{b}} + naC_{\mathrm{g}} + nC_{\mathrm{s}})}{MA} \tag{3-7}$$

式中，C_{F} 为喷灌机组单位喷灌面积年造价，元/(a·hm²)；r 为年折旧率；n 为喷头数，个；a 为喷头间距，m；C_{b} 为动力机、水泵与进水管的造价，元/套；C_{g} 为管道单价，元/m；C_{s} 为喷头、立杆、支架与接头的单价，元/套；M 为机组工作位置数，即机组灌溉一定面积时的移动次数；A 为一次灌溉面积，即一个工作位置上的灌溉面积，hm²[108,118]。

3.3.2　年费用

根据喷灌工程规模及特点，喷灌系统年费用的计算方法有所不同。轻小型喷灌机组年费用主要由单位折旧费用和单位能耗费组成，暂不计入水费，采用静态折旧法[108]。借鉴文献 [118] 及文献 [119] 的研究成果，机组年费用表达式如下：

$$C_{\mathrm{A}} = \frac{r(C_{\mathrm{b}} + naC_{\mathrm{g}} + nC_{\mathrm{s}})}{MA} + \frac{ET_{\mathrm{y}}QH}{367.2\eta_{\mathrm{b}}\eta_{\mathrm{d}}\eta_{\mathrm{p}}MA} \tag{3-8}$$

式中，C_{A} 为喷灌机组单位喷灌面积上的年费用，元/(a·hm²)；E 为燃料价格，由市场上相应燃料平均价格、燃料密度及热值换算得到，元/(kW·h)；T_{y} 为机组年运行时间，h。式 (3-8) 中，第一项即为单位面积年造价或单位折旧费，如式 (3-7) 所示，记为 C_{F}，元/(a·hm²)；第二项为单位能耗费，记为 E_{F}，元/(a·hm²)。

3.3.3 总费用

机组总费用指机组使用年限内的总费用，是决定喷灌机组型式选择的关键因素，也是评价喷灌工程好坏、农户能否接受的重要经济指标[108]。机组使用年限一般在 10 年，总费用的计算采用动态折旧法，计算方法如下[108]：

$$C_{\text{total}} = t \left[\frac{\gamma(1+\gamma)^t}{(1+\gamma)-1} + \rho_X \right] \frac{(C_b + naC_g + nC_S)}{MA} + \frac{tET_yQH}{367.2\eta_b\eta_d\eta_p MA} \tag{3-9}$$

式中，C_{total} 为喷灌机组使用年限内总费用，元/hm²；t 为折旧年限，a；γ 为年利率，%；ρ_X 为年平均大修率，%。式 (3-9) 中第一项为总建设费，记为 C_{ctr}，元/hm²；第二项为总运行费 (总能耗费)，记为 C_{opt}，元/hm²[108]。

3.3.4 生命周期成本 (LCC)

根据国际电工委员会制定的 "可信性管理，第 3-3 部分：应用指南·生命周期成本" (IEC 60300-3-3-2004) 的规定，生命周期成本 (LCC) 是指设备在产品的设计、制造、运行、维护以及废弃等各阶段相关成本的总和，包括购置成本 (acquisition cost)、拥有成本 (owership cost) 和废弃成本 (disposal cost)[120,121]。该方法能为产品设计、系统管理及机械设备节能优化提供有效的方法。但目前生命周期成本计算方法很少应用于农业机械尤其是喷灌系统的成本分析中。

轻小型移动式喷灌机组生命周期成本由初投资、能耗费、人工费、维修费、废弃成本和残值组成，如式 (3-10) 所示。其中，机组的初投资对应设备购置成本、能耗费、人工费和维修费用组成机组的拥有成本，废弃成本和设备残值这里统称废弃成本。根据成本构成特点，将拥有成本和废弃成本分别采用动态法和静态法折算到现值进行计算，计算方法如式 (3-11) 和式 (3-12) 所示[122-124]。

$$\begin{aligned} \text{LCC} = &C_{\text{initial}} + (C_{\text{energy}} + C_{\text{labour}} + C_{\text{maintenance}})P_{v,\text{sum}} \\ &+ (C_{\text{disposal}} - C_{\text{salvage}})P_v \end{aligned} \tag{3-10}$$

$$P_{v,\text{sum}} = \frac{(1+r)^t - 1}{r(1+r)^t} \tag{3-11}$$

$$P_v = \frac{1}{(1+r)^t} \tag{3-12}$$

式中，C_{initial} 是喷灌机组初投资，元；C_{energy} 是能耗费，元；C_{labour} 是用工费，元；$C_{\text{maintenance}}$ 是维修费，元；C_{disposal} 是废弃成本，元；C_{salvage} 是残值，元；$P_{v,\text{sum}}$ 和 P_v 是折算系数。式 (3-10) 中 LCC 的各组成部分计算公式如表 3-4 中所示[125]。

表 3-4   喷灌机组生命周期成本组成及计算方法[125]

成本组成	参数	计算公式
初投资	C_{initial}	$C_{\text{initial}} = C_{\text{b}} + naC_{\text{g}} + nC_{\text{s}}$
能耗费	C_{energy}	$C_{\text{energy}} = E_{\text{p}}EmAT_{\text{sum}}$
用工费	C_{labor}	$C_{\text{labor}} = C_{\text{lb0}}T_{\text{p,all}}/60$
维修费	$C_{\text{maintenance}}$	$C_{\text{maintenance}} = \rho_1 C_{\text{initial}}$
废弃成本	C_{disposal}	$C_{\text{disposal}} = N_{\text{t}}C_{\text{transport}}$
残值	C_{salvage}	$C_{\text{salvage}} = C_{\text{sv}}[w_{\text{pump}} + n(w_{\text{sprinkler}}$ $+ w_{\text{riser}} + w_{\text{tee}} + w_{\text{coupling}})]$

表 3-4 中，m 是作物灌水定额，mm/d；T_{all} 是每年总灌水时间，h；C_{lb0} 是每个小时人工费，元/h；$T_{\text{p,all}}$ 是每年人工安装管道及移动等操作时间，h，$T_{\text{p,all}} = ms_{\text{all}}T_{\text{A}}$，其中，$ms_{\text{all}}$ 是机组每年的移动次数，次，T_{A} 是机组移动一次的操作时间，min；N_{t} 是系统废弃时的搬运次数，次；$C_{\text{transport}}$ 是废弃成本中每次搬运费用，元/次；C_{sv} 是每千克废铁的价格，元/kg；w_{pump}、$w_{\text{sprinkler}}$、w_{riser}、w_{tee}、w_{coupling} 分别是水泵、喷头、竖管、三通、接头的质量，kg。其他变量意义同前面所述。

3.4   喷灌均匀性最高为目标

3.4.1   喷灌均匀性计算公式

目前，国内外评价灌溉均匀性的指标主要有三种，基于降水深平均离差的克里琴森均匀系数 CU、基于降水深 1/4 低值的分布均匀系数 DU 和基于测点标准差的威尔科克斯–斯韦尔斯均匀系数 UCW[126-129]。其中，克里琴森均匀系数 CU 多用于喷灌系统均匀性的评价中；分布均匀性系数 DU 适合于对均匀性要求较高的场合；变异系数在滴灌系统的均匀性评价中应用较广[130]。

Keller 和 Bliesner[131] 发现，当 CU>70% 时，喷头水量分布呈现出正态分布。依据《喷灌工程技术规范》（GB 50085—2007），采用克里琴森均匀系数CU(%) 进行轻小型移动式喷灌系统的均匀性计算，如式 (3-13) 所示[127-132]：

$$\text{CU} = \left(1 - \sum_{i=1}^{n_{\text{t}}} \frac{|h_{ti} - \overline{h}|}{n_{\text{t}}\overline{h}}\right) \times 100 \tag{3-13}$$

式中，h_{ti} 为第 i 个测点的喷洒水深，mm；$\overline{h}$ 为喷灌面积内各测点平均喷洒水深，mm；n_{t} 为测点数目，个[97,132]。

《美国国家灌溉工程手册》建议，玉米、棉花、大田作物喷灌均匀性 CU≥75%，乔木作物、蔓生作物 CU≥70%[17]。

3.4.2   喷灌均匀性影响因素分析

喷灌均匀性影响因素主要分为喷头参数、管道布置、运行参数和气候条件等四个方面, 有时还计入系统管理的影响[133,134]。运行参数指喷头工作压力和转速。气候条件则有风向风速、温度和相对湿度等。

当喷头处于研发阶段时, 喷头各参数及结构形式对均匀性的影响考虑较多[135-137]。其他各项因素中, 喷头转速主要受工作压力及制造偏差的影响, 本身不易调节或改动范围较小。气候条件的影响比较综合, 需由田间试验进行归纳总结, 工作量大且不一定能得到可靠的结论。因此, 根据轻小型喷移动式灌机组配置及运行特点, 对喷灌均匀性影响因素的作用规律进行初步分析, 可以为机组的优化配置理论分析和均匀性影响因素田间试验研究提供可靠依据。

由于轻小型喷灌系统中很少设调压设施, 且管道长度常在 100m 以上, 管道沿程损失较大, 相邻喷头工作压力差对喷灌均匀性影响较大。故本章就喷头工作压力、组合间距、相邻喷头工作压力差对喷灌均匀性的影响进行研究。

1) 喷头工作压力

当喷灌系统工作压力发生变化时, 首先引起单喷头水量分布的变化, 从而进一步影响组合喷灌均匀性。国内外关于喷灌均匀性影响因素的研究中, 一般也将单喷头水量喷洒图形列为首要因素[138,139]。轻小型喷灌机组中常配置的 15PY、20PY 喷头不同工作压力下的径向水量分布 (单喷头水量喷洒图形)如图 3-9 所示。

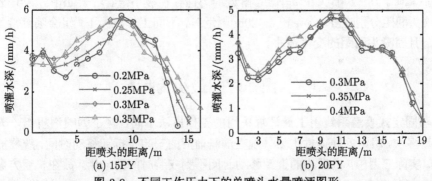

图 3-9　不同工作压力下的单喷头水量喷洒图形

从图 3-9(a) 和 (b) 中可以看到, 对同一型号的喷头, 不同工作压力下单喷头水量喷洒图形形状基本一致。15PY 喷头水量主要集中在 60% 射程处, 当工作压力增大时, 1/3~1/2 射程处水量增多, 射程增大。20PY 喷头水量主要集中在 50% 射程处, 当工作压力增大时, 近射程处水量略有增加, 喷头水量喷洒图形基本不变, 各测点水量均有所增加, 径向水量分布曲线总体抬升。喷头工作压力变化对喷灌均匀性的影响将与组合间距的影响结合起来分析。

2) 组合间距

组合间距包括喷头间距和支管间距, 它们对喷灌均匀性的影响通常体现在与管道布置形式和喷头工作压力的交互作用中。现对方形布置时喷头间距对喷灌均匀性的影响进行分析, 矩形布置及三角形布置的分析通过田间试验测试进行。

由于喷头在不同工作压力下射程不同, 适合的喷头间距范围会有差异, 因而通过试算法得到最优的喷头间距, 并在最优值附近进行加密, 从而更精确地获得适宜的喷头间距范围。15PY、20PY 喷头不同工作压力、不同喷头间距下的喷灌均匀性对比见图 3-10。

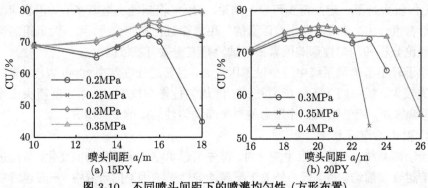

图 3-10   不同喷头间距下的喷灌均匀性 (方形布置)

从图 (3-10) 可以看到, 方形布置下, 组合喷灌均匀性随喷头间距变化先缓慢增大后骤降。15PY 喷头在 a=13m 附近均匀性存在极小值。对于 15PY、20PY 喷头, 喷头间距分别在 a=15m 和 a=20m 附近时, 不同工作压力下, 组合喷灌均匀性最高, 且随喷头间距的变化很小。

3.5   操作时间最少为目标

与固定式喷灌系统用工量计算采用的工作日法不同, 轻小型喷灌机组一天内需移动多次, 机组的便捷性主要体现在灌溉前后的安装及拆卸移动时间, 统称操作时间。实际应用中, 机组总的拆卸移动时间不到安装时间的一半, 故在机组方案的比选中仅考虑安装时间。借鉴车辆装配[140]、建筑消防[141]、外科手术[142] 等领域操作时间度量方法, 提出式 (3-14) 为机组便捷性的计算提供参考。经理论计算、试验验证及用户调研, 可以得机组移动一次的操作时间 T_A:

$$T_A = (1+k_1)(1+k_2)(1+k_3) \sum_{i=1}^{n_e} T_i \tag{3-14}$$

式中, T_A 为机组移动一次的操作时间, min; k_1 为工人熟练程度系数; k_2 为气候环境因素系数, 温度、湿度等; k_3 为地面泥泞程度系数; n_e 为机组部件数, 或操作时间构成项数目; i 为部件或构成项编号, 包括动力机泵、管路、喷头安装时间和总体行走时间; T_i 为部件 i 或构成项 i 的操作时间, min。在此基础上, 机组灌溉一定面积的操作时间 $T_{p,sum}$ 的计算方法如下:

$$T_{\text{p,sum}} = ms \cdot T_{\text{A}}$$

式中，$T_{\text{p,sum}}$ 是机组灌溉一定面积的操作时间，min；ms 为机组灌溉一定面积的实际移动次数。

机组各部件操作时间计算方法如下。

1) 动力机泵

将动力机泵的搬运、安装时间记为 T_{m}，为具体操作步骤所用时间的总和。各步骤所需时间由试验统计与实际调研得到。

2) 管路

与管路有关的操作时间记为 T_{p}，用下式计算：

$$T_{\text{p}} = n[T_{\text{p1}}(1 + k_{\text{d}}) + T_{\text{p2}}] \tag{3-15}$$

$$T_{\text{p2}} = k_{\text{t}}t_{\text{p}}a \tag{3-16}$$

式中，T_{p} 为管路安装所需时间，min；n 为喷头数，个；T_{p1} 为一节管路管件安装时间，min；k_{d} 为与管径大小相关的系数；T_{p2} 为安装管件行走时间，min；k_{t} 为与行走次数有关的系数，$k_{\text{t}}=1$, 2，初次安装 $k_{\text{t}}=2$，其他 $k_{\text{t}}=1$；t_{p} 为操作中行走一米所需时间，min；a 为喷头间距，m。

3) 喷头

喷头安装、拆卸时间用 T_{s} 表示：

$$T_{\text{s}} = nT_{\text{s0}} \tag{3-17}$$

式中，T_{s} 为喷头安装所需时间，min；T_{s0} 为安装一套喷头及配件的时间，min。安装步骤包括：竖管与三通连接，竖管与喷头支架连接，竖管与喷头连接，喷头支架插入泥土固定。拆卸过程相反。

4) 行走时间

总体的行走时间包括行走、搬运、分配喷头、管道及管件所需时间，记为 T_{t}

$$T_{\text{t}} = t_{\text{p}}\frac{n(n-1)}{2}a \tag{3-18}$$

式中，T_{t} 为行走分配喷头的总时间，min。

上述公式中，T_{m}、T_{p1}、T_{p2}、t_{p}、T_{s0} 等参数通过试验中统计及用户调研的方法得到，每个参数值有一定的取值区间。

3.6 本章小结

(1) 以多孔出流管道水力学为基础，建立了轻小型移动式喷灌机组单目标优化数学模型。采用后退法进行水力计算，以管径、喷头数、喷头工作压力为决策变量，采用遗传算法进行优化。

　　(2) 建立了机组单位能耗、成本、喷灌均匀性和操作时间等四个目标函数及计算公式。机组成本包含了年造价、年费用、总费用、生命周期成本 (LCC) 四个指标，可以根据需要进行选择。其中机组生命周期成本由初投资、能耗费、人工费、维修费、废弃成本和残值组成，首次应用于喷灌机组的成本计算中。以实践经验与用户调研为基础，首次将车辆装配、建筑消防等领域的操作时间度量方法应用于轻小型喷灌机组的便捷性度量中。喷灌机组操作时间包括动力机泵、管道、喷头等组成部件的搬运时间及行走时间等。

　　(3) 喷灌机组配置参数的不同直接决定了机组能耗、成本及操作时间的大小，故以机组能耗为例，采用含交互作用的正交表 $L_{27}(3^{13})$ 对能耗影响因素喷头间距、管径、喷头数、喷头工作压力等进行了深入系统的分析，并建立了机组能耗的回归模型。结果表明，轻小型喷灌机组能耗对喷头工作压力的变化最敏感，其次为管道管径，喷头间距对能耗的影响主要体现在与其他参数的交互作用中。

　　(4) 在不考虑环境因素作用时，喷灌机组的均匀性由喷头种类及运行参数两方面决定。本书主要分析了喷头工作压力、喷头间距的影响，为机组多目标优化及田间试验研究提供一定的理论基础。

第 4 章   综合评价指标体系与方法

对于一定的应用场合，可以采用不同的轻小型移动式喷灌机组，即使对于同一台机组，也可以配套不同的喷头，因此喷灌机组的综合评价在不同系统形式的选择中十分关键。喷灌机组前期单目标优化配置结果表明，轻小型喷灌机组的综合评价是一个复杂的多因素多指标问题。但机组能耗、成本、喷灌均匀性及操作时间等指标只是反映喷灌机组配置合理性的主要指标。喷灌机组实际选择时，灌水效率、对作物的打击强度、系统可靠性等指标也应被考虑。

本书将轻小型移动式喷灌机组评价指标分为技术性、经济性、环境和社会指标四大类，并对每一类别进行系统研究。采用灰色关联法与层次分析法、熵权法相结合的方法，对低能耗多功能轻小型移动式喷灌机组进行综合评价。

4.1   技术性指标

综合国内外的研究成果，将轻小型喷灌机组的技术性指标分为组合喷灌强度、喷灌均匀性和雾化指标。

4.1.1   喷灌强度

喷灌机组组合喷灌强度 ρ_s 是指喷头组合喷灌时灌溉区域单位时间单位面积上的喷洒水量，用 mm/h 表示[135]。喷灌强度通常由田间试验测得，采用式 (4-1) 对试验结果进行处理。

$$\rho_s = \frac{\sum\limits_{i=1}^{n_t} h_i}{n_t} \tag{4-1}$$

式中，ρ_s 为组合喷灌强度，mm/h。

喷灌机组中选择喷头时，需依据《喷灌工程技术规范》(GB 50085—2007)，根据组合喷灌强度和项目区土壤地质条件、坡度情况来选择[143]。

4.1.2   喷灌均匀性

在我国轻小型移动式喷灌机组配置摇臂式喷头居多。目前市场上采用的农用摇臂式喷头克里琴森喷灌均匀系数 CU 都在 75% 左右。为便于比较，采用式 (3-13) 定义的克里琴森均匀系数 CU 进行轻小型移动式喷灌机组的均匀性评价。当机组配置多喷头，管道长度达 100m 以上，并且对喷灌质量要求较高时，可以考虑采用系统均匀性作为评价指标[144]。

4.1.3　雾化指标

雾化指标 ρ_d 是用来反映喷射水流的破碎程度和打击强度的一个指标[135]。它能间接地反映喷洒水滴对土壤和作物的打击强度，采用式 (4-2) 计算[135]：

$$\rho_d = \frac{h_p}{d_p} \qquad\qquad (4\text{-}2)$$

式中，d_p 为喷头主喷嘴直径，mm。

《喷灌工程技术规范》规定的不同作物雾化指标范围为：蔬菜及花卉，ρ_d 在 4000~5000 之间；粮食作物、经济作物及果树，ρ_d 在 3000~4000 之间；牧草、饲料作物、草坪及绿化林木，ρ_d 在 2000~3000 之间[143]。

尽管国内外有学者将激光雨滴谱仪或高速摄影仪应用于喷头喷洒水滴运动过程中粒径分布及水滴打击强度的分析中[145,146]。但是一方面这些研究成本较高，另一方面相关理论模型及试验手段还在探索中。式 (4-2) 雾化指标的计算方法更适合于灌溉技术人员的规划计算及喷灌机组评价。

4.2　经济性指标

如 3.3 节中所述，目前喷灌系统的经济性评价指标主要有系统初投资、年费用、总费用及生命周期成本 LCC。有些研究中还会计入作物产量，但这一指标在轻小型喷灌机组设计初期很难预料。综合考虑，本书选用生命周期成本用于机组的经济性评价。系统成本是经济性的一方面，灌水时间也是经济性的一个重要指标。灌水时间的多少反映作业效率，影响到灌溉季节或应急抗旱时一定时间内灌溉面积或用户数的多少。灌水时间也会影响灌溉期间内的系统控制、管理成本和人工投入。故本书采用生命周期成本和灌水时间作为喷灌机组经济性的评价指标。

4.2.1　生命周期成本 (LCC)

轻小型喷灌机组的生命周期成本 (LCC) 由机组初投资、能耗费、人工费、维修费、弃置处理费和残值等部分组成，计算方法如式 (3-10) 所示，LCC 各项组成部分用表 3-4 的方法进行计算，本节不再赘述。

4.2.2　灌水时间

作物灌水时间是指采用灌溉的方法满足作物一个灌水周期内所需水量的时间，或者是使土壤达到饱和状态所需的灌水时间。一般采用一次灌水时间来评价轻小型移动式喷灌机组。一次灌水时间即一个工作位置上的灌水时间，也称一次作业时间, 用 T_{irr} 表示, 如式 (4-3) 所示。作物一个灌水周期内所有需水量也就是灌水定额 m[143]。灌水周期 T 与作物最大日需水量或日耗水量有关, 用公式 (4-4) 计算。

$$T_{\text{irr}} = \frac{m}{\rho_{\text{s}}\eta_{\text{p}}} \tag{4-3}$$

$$T_0 = \frac{m}{\text{ET}} \tag{4-4}$$

式中, T_{irr} 为一次灌水时间, h; T_0 为灌水周期, 天 (d); ET为作物日蒸发蒸腾量, 取设计代表年灌水高峰期平均值, mm/d[143]。实际应用中, 当需要灌溉一定面积的作物时, 机组总灌溉时间为 $T = ms \cdot T_{\text{irr}}$, 其中, T 为机组灌溉一定面积时的总时间, h。

对于具体的喷灌机组, 当机组配套喷头及管道布置方式选定以后, 灌水时间、机组组合喷灌强度等设计参数计算完成之后, 拟定灌溉季节每天灌溉 8~9h, 即可得出一个完整的灌水周期内机组的总灌溉面积。在计算总灌溉面积前, 需求得轻小型移动式喷灌机组一次性灌溉面积A,m^2, 即一个工作位置上的灌溉面积, 采用式 (4-5)~式 (4-7) 其中之一计算。"边缘组合灌溉" 是指在有些田块, 一个工作位置上灌溉完毕后, 喷灌机组会沿管道方向移动到下一地块进行灌溉, 以使初始位置时的末端喷头与下一位置的首端喷头实现组合喷洒的场合。

单喷头喷洒:

$$A = \pi R^2 \tag{4-5}$$

多喷头喷洒 (边缘组合灌溉):

$$A = nab_m \tag{4-6}$$

多喷头喷洒 (边缘非组合灌溉):

$$A = (n-1)ab_m \tag{4-7}$$

式中, R 为喷头射程, m; n 为喷头数, 个; a 为喷头间距, m; b_m 为支管间距, m。

上述方式计算得到的机组一次性灌溉面积 A, m^2, 需与如式 (4-8) 传统的采用机组流量与组合喷灌强度比值计算得到的一次性灌溉面积相差不大。

$$A = \frac{Q}{\rho_{\text{s}}} \tag{4-8}$$

式中, Q 为喷灌机组流量, 即配套水泵的流量, m^3/h。

上式是对喷灌机组灌溉面积的估算方法, 实际上当喷灌机组采用优化方法进行配置计算时, 机组流量可能偏离额定流量, 工作压力也可能不在额定点, 因此喷灌强度也会有差别, 此时机组实际灌溉面积可能增大或减小, 需由式 (4-5)~式 (4-7) 计算。

4.3 环 境 指 标

对于喷灌系统而言, 系统的环境、资源、生态等方面效益密不可分。为计算和试验测量方便, 本书将轻小型移动式喷灌机组的环境指标与能源、水资源等自然资源的利用效率联系起来，采用机组单位能耗和灌水效率进行系统的环境指标评价。

4.3.1　单位能耗

喷灌机组单位能耗是指灌溉单位面积、单位水深所需的能耗，用 E_p 表示，计算方法如式 (3-3) 所示。该公式计算所需参数少，当机组配置不同喷头，管道布置方式不同导致水泵流量和机组灌溉面积发生变化时，该公式能作为统计的评价指标，具有很强的优越性和实用性。

4.3.2　灌水效率

Burt 等[147] 指出，灌水效率 (application efficiency, AE) 是作物根系中储存水量与总灌水量的比值。喷灌系统的灌水效率则是单位时间内喷洒到地面的水量与喷头流量的比值，或者为实测的平均喷灌强度与理论喷灌强度的比值，用式 (4-9) 计算。灌水效率高则水资源的利用率高，因而将其作为环境指标之一。

$$\mathrm{AE} = 100\frac{V_s}{V_o} = 100\frac{\rho_s(\text{test})}{\rho_s(\text{calculated})}, \quad \mathrm{AE} = 100\eta_p \tag{4-9}$$

式中，V_s 是喷洒到地面的水量，m^3；V_o 为单位时间内喷头流出的水量，m^3；$\rho_s(\text{test})$ 为组合喷灌强度测量值，mm/h；$\rho_s(\text{calculated})$ 为组合喷灌强度理论值，mm/h。

4.4　社 会 指 标

目前，国内外喷灌系统的评价研究中，社会指标一般是指系统安装过程的用工量。本书在进行轻小型移动式喷灌机组评价时，将系统可靠性、储存方便性等管理因素也纳入社会指标中。这是因为机组灌溉时不仅安装、拆卸、移动等过程中需要使用人工，系统可靠性会影响到维修率的大小及维修的难易程度和成本，储存方便性对用工量也有一定影响[108]。对于有些轻小型喷灌机组，可能初投资较低，其他技术指标也在允许范围内，但可靠性差，则会影响到长期使用及系统作业效率。储存方便性则会影响到机组的再次使用。以往喷灌系统的评价方法很少考虑到这些非定量的因素。

4.4.1　操作时间

本书采用喷灌机组灌溉一定面积的操作时间 $T_{p,sum}$ 来表征系统安装、拆卸、移动过程中的用工量，计算方法如式 (3-14) 所示。

该公式考虑了管道长度、管径、气候参数、地形条件等因素对操作时间的影响。各项公式中与这些因素有关的系数是由不同配置方案下大量试验过程统计及用户实践经验的基础上综合选取设置。对于具体的应用场合，这些系数可以根据需要进行调整。此外，该模型未考虑机组重量对操作时间的影响，这一方面是因为如果每个组成部分都考虑重量因素，会使整个计算过程变得复杂，操作性降低；另一方面是因为每次作业时工作人员搬移的管道卷数有限，管径不同引起的重量的细微变化对总的搬运次数影响不大；表 2-1 的小型机组两人作业，中型机组四人作业，大中型机组手推车 1~2 人作业，因此只需根据机组大小来调整动力机泵的具体作业时间，无需考虑其具体重量。对于需要对操作时间进行精确计算或估计的场合，可以对计算模型进行完善修正。

从式 (3-39) 各项组成部分的计算方法也可以看到，对轻小型喷灌机组的操作时间影响最大的因素是喷头数和喷头间距，还有动力机泵的大小。操作时间的实际计量中还存在田间条件、管理方面不可预计的因素。但该机组操作时间的计算模型还是能为喷灌机组不同配置方案的评价比较提供一定的参考。

4.4.2 可靠性

轻小型移动式喷灌机组的可靠性用Reliability来表示，采用 1~9 级打分法来确定值的大小[148]。

机组的可靠性受动力机、水泵可靠性、喷头运转可靠性、管道及连接可靠性等因素的影响。水泵可靠性是指水泵能否按水泵性能曲线提供相应的流量及扬程。管道可靠性与管道连接处密封性、管道承压能力、耐磨性和耐老化性能有关。喷头运转可靠性是指喷头出水稳定、转速均匀、射程及水量分布基本符合规范要求，不易堵塞且耐磨。喷灌机组的可靠性与各部件设备性能有关，也与田间作业条件和管理有关。当水质清澈、泥沙及藻类较少含量较低，空气温度、风速适中、地面干燥、排水通畅时，系统可靠性较高；当田间运行条件较差时，机组可靠性降低。本书对机组可靠性进行分析时，只考虑设备本身性能的可靠性。

4.4.3 储存方便性

喷灌机组的储存方便性主要与机组的大小、零配件多少及占地面积有关，根据Storage采用 1~9 级打分法来确定值的大小[148]。轻小型移动式喷灌机组与大型喷灌机相比灌溉季节完毕之后入库存放方便得多。但就不同轻小型喷灌机组而言，储存的方便性与动力机泵大小、喷头数、管道长度有关。喷头数越少，管材管件用量越少，储存越方便。喷灌机组采用多喷头低压配置时，喷灌均匀性可能有所提高，机组能耗也低，但多喷头会有一定的储存不便，会使系统配件及备用件增多，易在拆卸、搬运过程中遗失，影响机组同配置的再次使用。

喷灌机组的可靠性及储存方便性会影响到系统管理的难易及效率，也会影响到该项喷灌技术对操作人员技术水平要求的高低，这些都属于社会指标，有时是在喷灌机组成本、能耗等指标之外影响机组选择及推广使用的直接因素，前人在这些因素方面的评价研究较少。

4.5　灰色关联度评价方法

4.5.1　灰色关联模型

喷灌机组的选择是一个灰色系统，影响因素较多，且相互关联，采用以邓氏关联度为基础的灰色关联度决策模型进行喷灌机组的评价比选，得出满足用户需求的机组方案排序[149]。

设决策论域 U 是机组方案的集合，$U=\{u_1,u_2,\cdots,u_m\}$，V 是评价指标集合，$V=\{v_1,v_2,\cdots,v_n\}$。各机组方案评价指标值矩阵设为 $X=(x_{ij})_{m\times n}$。根据各指标特点，分为越大越优型 (效益型)、越小越优型 (成本型)、定值最优三类，每个指标的最优值构成参考数列，对应理想的最佳方案 $u_0^{[150]}$。采用极差正规化法对评价指标进行数据处理，得到归一化矩阵 $Y,Y=(y_{ij})_{m\times n}$，如式 (4-10)~式 (4-12)所示[83]。式中，x_{0j} 为指标 j 特定的最优值。

越大越优型：
$$y_{ij}=\frac{x_{ij}-\min_i x_{ij}}{\max_i x_{ij}-\min_i x_{ij}} \tag{4-10}$$

越小越优型：
$$y_{ij}=\frac{\max_i x_{ij}-x_{ij}}{\max_i x_{ij}-\min_i x_{ij}} \tag{4-11}$$

定值最优型：
$$y_{ij}=1-\frac{|x_{ij}-x_{0j}|}{\max_i |x_{ij}-x_{0j}|} \tag{4-12}$$

某一方案点 u_i 考虑指标 v_j 时与相对最佳设计方案点 u_0 的相关性用下式进行度量：
$$\zeta_{ij}=\frac{\varphi \max_i\max_j |y_{ij}-1|}{|y_{ij}-1|+\varphi \max_i\max_j |y_{ij}-1|} \tag{4-13}$$

式中，ζ 为灰色关联度判断矩阵；y_{ij} 为规格化后的评价指标值；$i=1,2,\cdots,m$；$j=1,2,\cdots,n$；φ 为分辨系数，其取值区间为 $[0,1]$，一般取 $\varphi=0.5$。关联度矢量 ξ 计算如下[151,152]：
$$\xi=\zeta\cdot W=(\zeta_1,\zeta_2,\cdots,\zeta_m) \tag{4-14}$$

式中，ξ 为关联度矢量；W 为权值矢量。关联度 ξ_i 越大，说明机组方案 i 越接近相对最佳方案。

下面对式 (4-14) 中评价指标的权值向量确定方法进行研究。

4.5.2　权值确定方法

权值确定方法主要分为主观赋权法和客观赋权法两大类。主观权重又称为重要性权，客观权重称为信息量权[153]。主观赋权法与专家的知识或经验有关，评价结果的准确性因专家的知识范围而异；客观赋权法虽然基于比较严格的数学理论和方法，依据系统运行呈现的指标数据值来确定权重，但忽视了具体问题中的需要，以及评价者或决策者在评价过程中的主观导向和信息[154]。因此有学者提出了综合赋权法来弥补两类赋权方法的不足[155,156]。

综合赋权法中主客观权重的结合方式主要有线性加权法和乘积聚合法两种[155,156]。本书采用式 (4-15) 所示的乘积聚合法来确定综合权重。

$$W_j = \frac{W_{ja} \times W_{jb}}{\sum\limits_{j=1}^{n} W_{ja} \times W_{jb}} \tag{4-15}$$

式中，W_j 为第 j 项指标的综合权重；W_{ja} 是第 j 项指标的主观权重；W_{jb} 是第 j 项指标的客观权重。

采用层次分析法和熵权法分别确定主观权重和客观权重。

1) 层次分析法

层次分析法在权重设置时比较灵活，同时能够处理定性、定量指标[152,157]。

本书喷灌机组的评价中，以不同灌溉面积下机组选择为例，评价模型层次结构如图 4-1 所示。第一层是目标层，可以为不同灌溉面积、不同作物等；第二层是准则层，包括技术、经济、环境、社会等四个方面；第三层是子准则层，为各个准则下的具体指标；第四层为备选方案层。准则层及子准则层各指标的权重确定方法采用两两对比法确定。相对重要性的程度采用 1~9 级标度法。

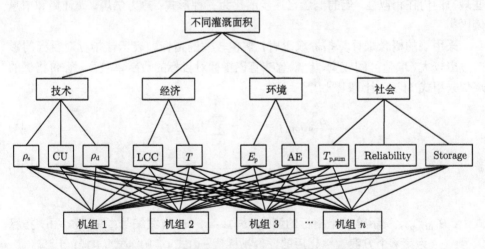

图 4-1　不同灌溉面积下机组选择层次结构图

由于两两比较过程中人们对复杂事物的判断很难做到完全一致，存在一些估计误差，这就会导致判断矩阵的特征值和特征向量之间存在偏差，为将这种偏差控制在一定范围内，需对判断矩阵进行一致性检验[148]。

各准则层的相对重要性判断矩阵确定之后，采用公式 (4-16) 对判断矩阵进行一致性检验。判断矩阵的一致性采用一致性比率 C.I. 来表征，它是指其特征值 $\lambda_{\max}$ 与矩阵维数 n_{m} 之间偏差的平均值[76]。

$$\mathrm{C.I.} = \frac{\lambda_{\max} - n_{\mathrm{m}}}{n_{\mathrm{m}} - 1} \tag{4-16}$$

式中，C.I. 为一致性比率；$\lambda_{\max}$ 为判断矩阵特征值；n_{m} 为矩阵的维数。一般要求 C.I. $\leqslant 0.1$[148]。

当判断矩阵维数较大时，采用如式 (4-17) 所示的随机一致性比率 C.R. 对判断矩阵进行一致性检验。

$$\mathrm{C.R.} = \frac{\mathrm{C.I.}}{\mathrm{R.I.}} \tag{4-17}$$

式中，C.R. 为随机一致性比率；R.I. 为同阶平均一致性指标。

采用幂法求判断矩阵的特征值，从而得到各指标权值[84]。当判断矩阵的一致检验结果不满足要求时，需重新构造矩阵，最终的判断矩阵特征值才能作为层次分析法计算得到的主观权重。

2) 熵权法

采用熵权法确定式 (4-18) 中的客观权重。熵学理论产生于物理学家对热力学的研究[158]。当 Shanmon 将熵的概念引入信息论中时，即表示系统的不确定性[159]。随着熵思想和理论的发展，以及该概念与工程技术、社会经济、信息技术等领域一些规律的内在相似性，熵的概念已逐步演化为三种形式：热力学熵、统计熵和信息熵[158]。

采用熵的概念来计算指标权重时，熵值较大的指标即表示该指标对目标的影响效应较大、取值区间较宽，也就意味着该指标对目标的贡献率较高。评价指标的熵值采用式 (4-18) 计算[160-162]。

$$H_{\mathrm{entropy}j} = -\frac{1}{\ln n} \sum_{i=1}^{m} f_{ij} \ln f_{ij} \tag{4-18}$$

$$f_{ij} = \frac{y_{ij}}{\sum\limits_{i=1}^{m} y_{ij}} \tag{4-19}$$

式中，$H_{\mathrm{entropy}j}$ 表示第 j 个指标的熵值；$i=1,\cdots,m$，方案编号；$j=1,\cdots,n$，指标编号；y_{ij} 为第 i 个方案规格化后的评价指标值，由式 (4-10)～式 (4-12) 计算。

熵值计算完成之后，第 j 项指标的熵权由下式计算[161]。

$$W_{jb} = \frac{1 - H_{\mathrm{entropy}j}}{n - \sum\limits_{j=1}^{n} H_{\mathrm{entropy}j}}, \quad \sum_{j=1}^{n} W_{jb} = 1 \tag{4-20}$$

4.6　实 例 分 析

以不同灌溉面积多台喷灌机组选择为例, 验证轻小型移动式喷灌机组评价指标及灰色关联方法的可行性, 并分析机组配置参数对喷灌机组各项性能的影响。

4.6.1　灌溉面积选择

轻小型喷灌机组的灌溉面积与机组动力大小、水泵流量及配置方式有关。从用户角度, 灌溉面积由地块形状及大小、水源情况及地势特点等因素决定, 在我国很大程度上还受农村人均耕地面积的影响。因此, 根据灌溉面积的大小合理地选择机组, 并对配置方式进行优化、评价对用户和灌溉技术人员来讲都十分必要。

多喷头轻小型喷灌机组一个灌水周期内总灌溉面积一般小于 80 亩。考虑不同作物需水特点一个灌溉季节内喷灌机组移动次数不宜过大。考虑江苏、山西等地耕地情况特点, 将灌溉面积设定为 7.5 亩、30 亩、75 亩:

(1) 7.5 亩 (0.5hm²)。江苏、安徽等地 2012 年人均耕地面积为 1.3~1.5 亩/人, 按农村每户 5 人计算, 将该地区灌溉面积取为 7.5[108]。

(2) 30 亩 (2hm²)。该类型机组在山西、甘肃、吉林等地也得到一定程度的发展。当地人均耕地面积为 2.8~4.9 亩/人, 取该地区灌溉面积取为 30 亩[108]。

(3) 75 亩 (5hm²)。我国部分地区经过农村土地流转之后, 长 200~250m、宽 150~200m 的田块较常见, 灌溉面积为 45~75 亩, 故取灌溉面积为 75 亩。

4.6.2　机组选择

为完成不同面积地块的灌溉, 选择的喷灌机组为表 1-1 中 5 台机组及表 2-1 中机组 PC45-4.4, 机组编号及水泵、喷头的价格如表 4-1 所示。表 1-1 中机组前期的模拟计算及田间试验等方面工作较细致, 数据较为全面。表中喷头的喷头配置为优化后的情况。表中 C_b 为动力机泵及进水管的总价, C_s 为喷头及相关附件的价格。

表 4-1　不同灌溉面积下备选机组配置及价格对比

	项目	机组 1	机组 2	机组 3	机组 4	机组 5	机组 6
机组	型号	PQ30-2.2	PD25-2.7	PD65-7.5	PC40-5.9	PC30-2.2	PC45-4.4
	C_b/(元/台)	1510	1610	2650	2270	1480	2260
喷头	型号	10PXH	15PY	30PY	20PY	10PXH	20PY
	C_s/(元/套)	70	120	280	170	70	170
	喷头数/个	16	28	3	12	16	7

4.6.3   灌溉制度

我国南北方气象条件差距较大，选择山西太原盆地作为项目区。该地多年平均降雨量为 453.1mm，降雨集中在 7~9 月份[163]。种植小麦、玉米为主，计划湿润土层深度为 60mm。小麦抽穗至灌浆期日需水量最大，为 3.4mm/d，玉米抽穗期日需水量最大，为 6.0mm/d，故将作物最大需水强度取为 6.0mm/d[163,164]。田间以砂壤土为主，土壤容重为 1.36g/cm³，灌溉目标为田间持水率为 26.9%，凋萎系数取为 45%[164]。设适宜土壤含水率上下限分别为田间持水率的 90% 和 70%，经计算灌水定额为 33mm，灌水周期 6d。

表 4-1 中 6 台机组灌溉 7.5 亩 (0.5hm²)、30 亩 (2hm²)、75 亩 (5hm²) 地时每组方案机组需移动的次数在表 4-2 中。

表 4-2   机组灌溉制度

机组编号	喷头间距 a/m	一次灌溉面积 A/hm²	一次灌水时间 T_{irr}/h	最大工作位置数 ms_0^*	移动次数 ms		
					0.5 hm²	2 hm²	5hm²
1	10	0.15	2.9	18	3	13	—
2	15	0.43	4.4	12	1	5	11
3	30	0.18	4.1	12	2	8	—
4	20	0.44	4.1	12	1	5	11
5	10	0.15	2.9	18	3	13	—
6	20	0.24	3.8	12	2	8	—

＊一个灌溉周期内，轻小型移动式喷灌机组的最大工作位置数等于该灌溉周期内机组最大移动次数。$ms_0 = ms_d \times T$，其中，ms_d 为机组一天最大移动次数；T 为灌溉周期，d，见式 (4-4)；ms_d 的计算以机组一天工作 9h 以内来计。

4.6.4   评价指标与评价方法

采用图 4-1 中所示 10 个评价指标，运用灰色关联法对 7.5 亩 (0.5hm²)、30 亩 (2hm²)、75 亩 (5hm²) 三种面积下 6 组喷灌机组配置方案进行评价。各指标权重的设置采用综合赋权法，由层次分析法计算得到主观权重，由熵权法计算出客观权重。

4.6.5   结果与讨论

评价指标包含技术性 (喷灌强度、均匀系数、雾化指标)、经济性 (LCC、灌水时间)、环境 (单位能耗、灌水效率)、社会 (操作时间、可靠性、储存方便性) 等四类 10 个指标。表 3-6 所示机组生命周期成本 LCC 各组成部分计算时，运费为 $C_{transport} = 40$ 元/次，残值以铁的回收价格计，$C_{sv} = 2$ 元/kg。涂塑软管目前无法回收。机组各组成部分重量由称重法得到，不一一列出。

1. 模拟与试验结果

图 4-1 所示 10 项评价指标中, 喷灌强度、喷灌均匀系数由试验测量得到; 雾化指挥、灌水效率由试验数据计算获得; 单位能耗采用试验数据计算和理论模拟两种方法得到; 其他评价指标均采用理论模拟或调研统计的方法得出。喷灌机组试验时, 管道采用 "一" 字形布置, 如图 4-2 所示。

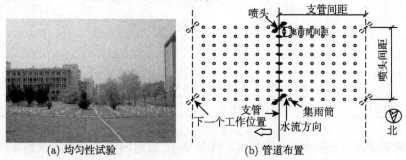

(a) 均匀性试验

(b) 管道布置

图 4-2　机组田间试验布置

水量分布测试区为两相邻喷头之间的矩形区域。组合喷灌均匀性计算时需由两个工作位置上的水量叠加得到, 具体过程见文献 [97]。6 台机组管道中段相邻两个喷头之间水量分布如图 4-3 所示。

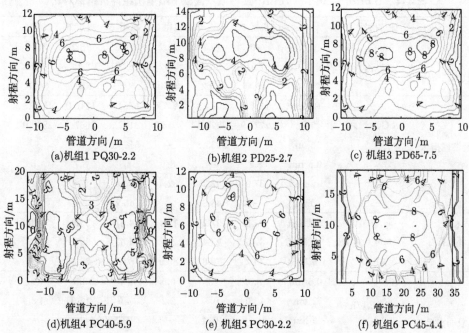

(a)机组1 PQ30-2.2

(b)机组2 PD25-2.7

(c) 机组3 PD65-7.5

(d)机组4 PC40-5.9

(e) 机组5 PC30-2.2

(f) 机组6 PC45-4.4

图 4-3　6 台机组相邻喷头间水量分布等值线图 (试验持续 1h, 每 10min 测试一组数据, 得到风速均低于 1.0m/s)

6 台机组每个工作位置上的机组单位能耗、年费用、操作时间和喷灌均匀性如表 4-3 所示。年费用以灌溉 7.5 亩 (0.5hm^2) 为例进行计算。

表 4-3   每个工作位置上 6 台机组的性能对比

评价指挥		机组 1	机组 2	机组 3	机组 4	机组 5	机组 6
E_p/(kW·h/(mm·hm^2))	理论值	3.53	2.99	7.64	4.61	3.39	5.99
	试验值	3.45	2.64	5.5	4.57	3.53	—
C_F/(元/ (a·hm^2))	0.5 hm^2	797.8	1405.8	1181.9	1443.2	791.1	893.8
T/min	正常使用	69.3	116.6	16.2	58.2	69.3	32
	首次安装	97.1	156.9	22.4	81.2	97.1	46.1
CU/%	试验值	80	79.7	79.2	79.5	78.7	76.8

将喷灌强度最低的机组 2(PD25-2.7) 灌溉 75 亩时的年灌水时间设为 300h, 则可依次得到其他灌溉面积下各机组的灌水时间。将所有评价结果列于表 4-4 中。单位能耗 E_p 试验值计算时水泵扬程通过试验测得；理论值由遗传算法优化计算得到。6 台机组生命周期成本 (LCC) 各组成部分对比如图 4-4 所示。

表 4-4   0.5hm^2、2hm^2、5hm^2 三种灌溉面积下喷灌机组评价指标对比

	评价指标		机组 1	机组 2	机组 3	机组 4	机组 5	机组 6
技术性指标	CU/%		80	79.7	79.2	79.5	78.7	76.8
	ρ_s/(mm/h)		7.01	5.32	6.52	6.10	7.11	6.49
	ρ_d		5500	4762	3850	5950	6200	6417
经济性指标	LCC/美元	0.5hm^2	1126.4	2074.3	1247.6	1764.0	1110.0	1323.3
		2hm^2	2777.9	3224.4	2515.0	3172.3	2657.7	2800.0
		5hm^2	—	5033.8	—	5163.0		
	T/h	0.5 hm^2	8.7	4.4	8.1	4.1	8.7	7.5
		2hm^2	37.9	22.2	32.4	20.5	37.9	30.2
		5hm^2	—	48.8	—	45.2		
环境指标	E_p/(kW·h/(mm·hm^2))	理论值	3.53	2.72	7.64	4.61	3.39	5.99
		试验值	3.45	2.64	5.5	4.57	3.53	5.41
	AE/%	试验值	75.2	78.8	88.9	80.5	75.6	81.9
社会指标	$T_{p,sum}$/h	0.5 hm^2	3.5	1.9	0.5	1.0	3.5	1.1
		2 hm^2	15.0	9.7	2.2	4.9	15.0	4.3
		5 hm^2	—	21.4	—	10.7		
	可靠性 (Reliability)		5	9	3	7	5	7
	储存方便性 (Storage)		5	7	9	7	5	7

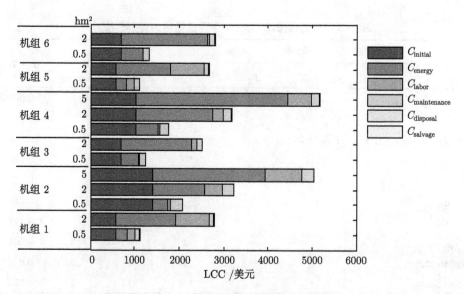

图 4-4　6 台机组生命周期成本构成对比

$C_{initial}$ 是初投资；C_{energy} 是能耗费；C_{labor} 是用工费；$C_{maintenance}$ 是维修费；
$C_{disposal}$ 是处置成本；$C_{salvage}$ 是残值，见表 3-4

2. 评价结果

1) 层次分析法确定权重 W_a

采用层次分析法 (AHP) 确定式 (4-15) 的主观权重 W_a。层次分析法通过评价指标两两对比，根据相对重要性打分的方式来确定判断矩阵。先确定图 4-2 准则层技术、经济、环境、社会四大类指标的判断矩阵，如表 4-5 所示。再确定子准则层各大类下具体指标间的判断矩阵，如表 4-6 所示。需对三阶及以上的矩阵进行一致性检验，随机一致性比率 C.R.<0.1 则认为判断矩阵可靠，否则，需对判断矩阵进行调整。最后的权重 W_a 也在表 4-6 中。

表 4-5　机组选择倾向性评价指标准则层评判矩阵*

项目	技术性	经济性	环境	社会	权重
技术性	1	1	1/3	1	0.1725
经济性	1	1	1	2	0.2700
环境	3	1	1	4	0.4225
社会	1	1/2	1/4	1	0.1350

* 一致性比率 C.I.= 0.04<0.1，评判矩阵可行。

表 4-6   机组选择四大类10 个评价指标的评判矩阵

项目	技术性			经济性		环境		社会			权重 W_a
	ρ_s	CU	ρ_d	LCC	T	E_p	AE	$T_{p,sum}$	Reliability	Storage	
ρ_s	1	2	1								0.067
CU	1/2	1	1								0.053
ρ_d	1	1	1								0.053
LCC				1	5						0.148
T				1/5	1						0.121
E_p						1	1				0.245
AE						1	1				0.177
$T_{p,sum}$								1	1	3	0.065
Reliability								1	1	2	0.045
Storage								1/3	1/2	1	0.025

注：技术性指标评判矩阵的一致性比率为 $c_{rA} = 0.08 < 0.1$，可行；社会指标评判矩阵的一致性比率为 $c_{rD} = 0.05 < 0.1$，可行。

2) 熵权法确定 W_b

采用熵权法确定式 (4-15) 中的客观权重 W_b。在计算各指标熵权值之前，需采用式 (4-10)~式 (4-12) 先对不同灌溉面积下表 4-4 各评价指标进行规格化处理，以排除量纲及不同指标取值区间的影响。10 个指标中，LCC、灌水时间 T、单位能耗 E_p、操作时间 $T_{p,sum}$ 为越小越优型指标，喷灌均匀系数 CU、喷灌强度 ρ_s、灌水效率 AE、可靠性Reliability和储存方便性Storage为越大越优型指标。雾化指标 ρ_d 越小，水滴直径越大，对作物打击力越大；雾化指标越大，则蒸发漂移损失越大，因此是定值最优型指标。将各喷头雾化指标的平均值作为目标值 x_{0j}。灌溉面积为 7.5 亩 (0.5hm²) 时归一化后各机组的评价矩阵见表 4-7。

表 4-7   灌溉面积为 0.5hm² 时评价指标的归一化矩阵

机组编号	CU	ρ_s	ρ_d	LCC	T	E_p	AE	$T_{p,sum}$	Reliability	Storage
1	1.000	0.944	0.967	0.982	0.000	0.871	0.000	0.000	0.333	0.000
2	0.769	0.000	0.571	0.000	0.935	1.000	0.263	0.633	1.000	0.500
3	0.385	0.670	0.000	0.670	0.130	0.000	1.000	1.000	0.000	1.000
4	0.615	0.436	0.685	0.294	1.000	0.645	0.387	0.833	0.667	0.500
5	0.000	1.000	0.528	1.000	0.000	0.903	0.029	0.000	0.333	0.000
6	0.231	0.654	0.392	0.713	0.261	0.355	0.489	0.800	0.667	0.500

用同样的方法可以得到 30 亩 (2hm²)、75 亩 (5hm²) 时的归一化评价指标矩阵。三种灌溉面积下的评价指标对比见图 4-5。

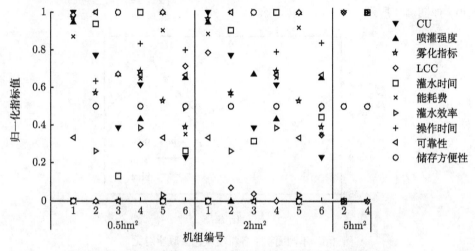

图 4-5 不同面积下相对于最优方案各机组归一化指标对比

采用式 (4-24) 计算各指标的熵值 H_{entropy}，再进一步通过式 (4-26) 计算熵权 W_{jb}。三种灌溉面积下各指标熵权见表 4-8。将三种面积下熵权的平均值作为最后的客观权重。

表 4-8   0.5hm²、2hm²、5hm² 三种灌溉面积下的熵值及熵权

面积	熵值或熵数	CU	ρ_s	ρ_d	LCC	T	E_p	AE	$T_{p,\text{sum}}$	Reliability	Storage
0.5hm²	H_{entropy}	0.778	0.776	0.772	0.767	0.760	0.753	0.777	0.689	0.755	0.769
	W_{jb1}	0.092	0.093	0.095	0.097	0.100	0.103	0.093	0.129	0.102	0.096
2hm²	H_{entropy}	0.778	0.776	0.772	0.777	0.767	0.753	0.777	0.694	0.755	0.769
	W_{jb2}	0.093	0.094	0.096	0.094	0.098	0.104	0.093	0.129	0.103	0.097
5hm²	H_{entropy}	0.301	0.300	0.298	0.301	0.301	0.291	0.301	0.289	0.301	0.301
	W_{jb3}	0.100	0.100	0.100	0.100	0.100	0.101	0.100	0.101	0.100	0.100
	W_{jb}	0.0950	0.095	0.096	0.097	0.097	0.099	0.103	0.095	0.120	0.101

3) 灰色关联法评价

采用 AHP 法确定主观权重 W_a，运用熵权法得到客观权重 W_b，由式 (4-21) 综合赋权法即可计算出各指标的综合权重，如下面所示。

$$W = (0.0636, 0.0507, 0.0513, 0.2213, 0.0448, 0.2388,$$
$$0.1814, 0.078, 0.0458, 0.0243)^{\text{T}} \tag{4-21}$$

　　根据综合权重的大小及图 4-5 所示三种灌溉面积下的归一化评价指标矩阵，由式 (4-17) 和式 (4-18) 即可计算得到三种灌溉面积下各机组方案的灰色关联度 ξ 的大小，如图 4-6 所示。

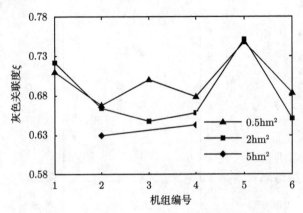

图 4-6　不同面积下各机组灰色关联度对比

3. 讨论

　　表 4-4 显示，在最优配置下，喷灌机组单位能耗 E_p 试验值与理论值吻合较好，除机组 3 以外，其余机组单位能耗试验值与理论值误差均在 3% 左右。机组 3 的单位能耗试验值比理论值低 28.0%，这是由于该机组配备的水泵为潜水电泵，而试验中由于条件限制所选水源为水深不足 3m 的池塘。总体上，表 4-6 中的计算结果比较可靠。现对轻小型移动式喷灌机组各项指标逐项进行分析。

　　1) 机组的性能

　　技术性指标方面，喷灌均匀性是喷灌系统评价中讨论最多的指标之一。从图 4-3 可以看到，所有喷灌机组的水量分布基本上沿喷灌管道两侧对称分布，风及组合喷洒喷头间的工作压力差对水量分布也有一些影响。图 4-3(a) 与图 4-3(b) 中靠近远处喷头的水量较多，可能是试验时受地势的影响远处喷头工作压力比近处喷头稍高一些，见文献 [97] 中的试验数据。图 4-3(c) 中测试区中间有几处区域水量较少，可能是由于风的影响，另外，该机组配置的喷头为 30PY，其单喷头水量喷洒图形与机组一配置的 10PXH 相比稍差一些。根据图 4-5 和表 4-4 可以得到，所有机组喷灌均匀系数 CU 均大于 75%。其中，机组 1、机组 2 和机组 4 均匀性最高，在 80% 左右；机组 3 和机组 5 略差一些，机组 6 最低，为 76.8%。上述试验结果进一步证明了机组均匀性影响因素系统分析的必要性。

　　结合表 1-1 和表 4-4 各机组喷头配置、工作压力及能耗情况对比可以分析得出，机组配置喷头的工作压力越高，机组单位能耗也越高。由于各机组选择喷头的差异，雾化指标 ρ_d、灌水效率 AE 等机组性能差别也较大。机组 1、机组 2 和机组 5 的雾化指标相对较高，平均值为 5487，这意味着所配喷头的雾化程度较好，水滴直径较细。这也导致了这些机组的灌水效率较小，平均值为 76.5%，蒸发漂移损失所占比例较大。机组 4 和机组 6 雾化指标也高，这可能是由于该机组配置的 20PY 喷头与机组 1 和机组 2 分别配置的 10PXH、15PY 喷头相比工作压力提高，水滴打击强度也大，而灌水效率值为中等水平。机组 3 配置 30PY 喷头，雾化指标最低，为 3850，但对大田粮食作物来讲已经足够。这说明了该型号喷头水流从喷嘴喷射出来以后，与前面其他三种喷头相比破碎程度较差。相应地，其灌水效率却是最高，为 88.9%。因此，喷头及机组的选择需综合考虑。

经济性指标方面。从图 4-4 各机组灌溉不同面积时生命周期成本 LCC 组成部分的对比可以看到，除机组 2 外，所有机组的拥有成本 (包括能耗费、人工费和维修费) 均远大于机组的初投资。当灌溉面积为 7.5 亩 (0.5hm^2) 时，拥有成本与初投资相当；灌溉 30 亩 (2hm^2) 时，拥有成本是初投资的两倍；灌溉 75 亩 (5hm^2) 时，这个比例更高。因此，针对轻小型喷灌机组生命周期成本 LCC 进行系统分析显得十分必要，通过喷灌机组的配置优化、科学管理等途径对降低系统的生命周期成本也十分关键。生命周期成本 LCC 与灌溉面积之间并非线性关系。灌溉 30 亩时 LCC 值是灌溉 7.5 亩时的两倍左右，灌溉 75 亩时 LCC 值是灌溉 30 亩时的 1.5 倍。因而在一定范围内，对同一台机组而言，扩大灌溉面积是比较经济的。能耗费 C_{energy} 在 LCC 中所占比例最大，其次是初投资 $C_{initial}$、用工费 C_{labor} 和维修费 $C_{maintenance}$。例如在灌溉 75 亩时，机组 4 的能耗费与机组 2 的能耗费相比稍高，这使得机组 4 的生命周期成本 LCC 也高于机组 2 的 LCC 值，尽管机组 2 的初投资要高一些。6 台机组的处置成本 $C_{disposal}$ 和残值 $C_{salvage}$ 相对其他成本构成项要低得多，且几乎相互抵消。对于三种灌溉面积来讲，机组 2 和机组 4 的 LCC 值最高，机组 6、机组 1、机组 5 次之，机组 3 生命周期成本最低。

根据表 1-1、表 4-4 和图 4-4 可知，机组初投资和人工费主要取决于机组动力大小和喷头数。配置喷头数越多，灌溉一定面积时的灌水时间越少，但每次移管过程中的操作时间越多，初投资也越高。配置为 28×15PY 的机组 2 便是最典型的例子。表 4-3，配置 10 个左右喷头、管道间距合适的机组，如 PQ30-2.2、PC40-5.9，单人工作一次平均操作时间为 60min，双人操作半小时即可。配置 20 个喷头以上的机组 PD25-2.7 三人操作时需 50min，四人操作需 30min 左右。配置喷头数为 6 个左右的机组，如 PC45-4.4，单人 30min 即可操作完毕。较高压力喷头少数量配置，则所需时间更少。

当轻小型喷灌机组动力机泵性能可靠、管道密封性较好时，机组的可靠性 Reliability 和储存方便性 Storage 主要与配置喷头的类型和数目有关。表 4-4 中，尽管全射流喷头 10PXH 的均匀性较高、喷灌强度适中，但由于其流道和喷嘴较小，容易堵塞而影响喷头的正常工作。另外,机组可靠性也与工作压力有关。如喷头30PY,由于其工作压力较高,流量和动能也比较大,使得其运转过程中作用在喷头竖管及与管道连接处的反作用力较大,从而容易导致竖管倾斜或倾倒,影响喷头的运行。而且当喷头工作压力较高时,与低压运行相比水射流受风的影响更大。但同时,配置 30PY 喷头时,机组储存方便性提高。采用低压喷头多数量配置时,机组配件增多,管理难度提高、储存方便性下降。鉴于以上考虑,LCC 计算时,所有机组维修率取值一致。

从以上分析不难看出,机组的配置方式与性能之间的关系比较复杂,需采用能够反映主观及客观两方面因素的方法来对机组进行评价。

2) 层次分析–灰色关联法 (AHP-GRA) 的可行性

采用灰色关联法与层次分析法 (AHP) 和熵权法相结合的多因素分析方法对三种灌溉面积下 6 台机组进行评价。结果证明该方法性能优越。AHP 计算时,各指标的判断矩阵均满足一致性要求。环境指标权值最大,为 0.4225,其次为经济指标,为 0.2700,技术指标与社会指标权值分别为 0.1725、0.1350。这种权重设置反映了发展中国家农户的灌溉需求,或大田粮食作物的灌溉需求。在其他应用场合经济作物或蔬菜、花卉灌溉时,技术指标及环境指标的权值可能最高。

各指标熵权的计算时,图 4-5 所示不同面积下各机组归一化评价指标对比可以看到,灌溉 7.5 亩 (0.5 hm²) 和灌溉 30 亩 (2 hm²) 时各指标相差不大。表 4-8 显示,10 个评价指标的熵权差别很小,取值在 0.095~0.1197。各指标权重比较平均可能说明了这 10 个指标用来表征轻小型喷灌机组各项性能的合理性。另外,这也说明每台机组都有各自的优势,很难通过某个或某几个单项指标来衡量机组的好坏。出于以上考虑,单凭熵权表征的客观权重还不足以进行喷灌机组的综合评价。

通过层次分析法得到的权重和熵权相结合的方式,综合权重能够弥补二者的不足。将综合权重应用于灰色关联分析中。在表 4-6 基础上绘制的图 4-6 显示该评价方法能有效地刻画出三种面积下由灰色关联度表征的各机组综合性能排序。

从图 4-6 和图 4-5 可以看到,可以得到机组 1 和机组 5 最佳,灌溉 7.5 亩 (0.5hm²) 和 30 亩 (2hm²) 时的灰色关联度 ξ 分别为 0.71 和 0.75。这与图 4-5 中这两台机组归一化后的评价指标值较高有关。机组 6 各指标值居中,故总排序较高。机组 2、机组 3、机组 4 所有指标取值几乎都在 [0, 1] 之间均匀分布,因而灰色关联度 ξ 最低,在 0.660 左右。表 1-1 和表 4-4 中,机组 2 的动力功率只有机组 4 功率的1/3,但却同样能灌溉 75 亩 (5 hm²)。这些结果能够说明 AHP 的优势在于使决策者的偏好和判断定量化,熵权法的优势在于能够挖掘数据本身的联系。AHP-GRA则能将二者有益地结合起来。

3) 机组适应性分析

对比图 4-6 和表 4-4,机组 1 和机组 5 的差别在于:机组 5 的喷灌强度 ρ_s 和灌水效率 AE 比机组 1 高 1%，雾化指标 ρ_d 比机组 1 高 12.7%，单位能耗 E_p 比机组 1 低 4%。类似地，灌溉 30 亩 (2hm²) 时，与机组 4 相比，机组 6 的能耗稍高、均匀系数稍低，导致了机组 6 的灰色关联度比机组 4 更低。灌溉 75 亩 (5hm²) 时，机组 2 和机组 4 灰色关联度对比结果取决于二者能耗费与人工费的大小情况。机组 3 和机组 6 分别灌溉 30 亩 (2hm²) 与灌溉 7.5 亩 (0.5hm²) 相比，灰色关联度均有所降低，这可能是由于这两台机组与其他机组相比喷头数较少，因此当灌溉面积扩大时移动次数、灌水时间均会增加。机组 1 灌溉 30 亩 (2 hm²) 与灌溉 7.5 亩 (0.5 hm²) 相比提高了一些，这是因为该机组生命周期成本 LCC 值本身很低，灌溉面积增大时单位面积上的生命周期成本更低。机组 2 三种面积下的灰色关联度均比较低，这是由于该机组配置喷头数最多，以致其 LCC 值和人工费均比较高，尤其是人工费是机组 4 和机组 6 的两倍。

从图 4-5 和图 4-6 可知，灌溉 7.5 亩 (0.5hm²) 时，最合适的机组依次为机组 5、机组 1、机组 3 和机组 6；灌溉 30 亩 (2hm²) 时，适宜的机组依次为机组 5、机组 1、机组 2 和机组 4；在灌溉 75 亩 (5hm²) 时，适宜的机组为机组 4、机组 2。因此，机组 1 和机组 5 灌溉 7.5 亩和 30 亩时都是不错的选择；机组 3 和机组 6 灌溉 7.5 亩时表现更优；机组 2 灌溉 30 亩时效果不错；机组 2 和机组 4 均能用于 75 亩地块的灌溉。综上所述，用户需根据自身需要选择合适的评价指标，对机组进行评价，并根据灌溉地块的大小选择适宜的机组。

4.7 本章小结

(1) 将轻小型移动式喷灌机组的评价指标分为技术性、经济性、环境、社会四类。技术性指标包含喷灌强度、喷灌均匀性、雾化指标三项指标；经济性指标包括生命周期成本 LCC、灌水时间；环境指标包含单位能耗、灌水效率；社会指标包含操作时间、可靠性和储存方便性三项指标。结合前人的研究成果，给出了技术性、经济性、环境指标，以及操作时间的计算公式，机组可靠性和储存方便性属于定性指标，采用 1~9 级打分法来确定值的大小。

(2) 建立了轻小型移动式喷灌机组灰色关联度评价方法。运用极差正规化法对评价指标进行数据处理。权重确定时对综合赋权法中主客观权重的几种结合方式进行了介绍。采用层次分析法确定主观权重，采用熵权法计算客观权重。可以依据具体问题的需要对权重确定方法进行选择。

(3) 对不同面积机组配置进行对比，验证评价模型的可行性。选择机组为 PQ30-2.2、PD25-2.7、PD65-7.5、PC40-5.9、PC30-2.2、PC45-4.4 六台机组。理论计算与田间试验结果表明，喷头的工作压力越高，则机组单位能耗也越高。配置 10PXH、15PY 喷头的机组雾化指标较高、灌水效率较低，为 76.5%；配置 30PY 喷头的机组雾化指标最低, 为 3850, 灌水效率最高, 达 88.9%; 配置 20PY 喷头的机组性能参数介于二者之间。经济性指标方面, 所有机组的拥有成本 (能耗费、用工费和维修费) 均远大于机组的初投资; 同一台机组随着灌溉面积加大, 生命周期成本 LCC 增幅相对减小, 故在一定范围内应当尽量拓展机组灌溉面积。能耗费在 LCC 中所占比例最大, 其次是初投资和人工费。机组初投资和用工费主要取决于机组动力大小和喷头数。当轻小型喷灌机组动力机泵性能可靠、管道密封性较好时, 机组的可靠性和储存方便性主要与配置喷头的类型和数目有关。总体而言, 机组 1 和机组 5 灌溉 7.5 亩 (0.5hm²) 和 30 亩 (2hm²) 时都是不错的选择; 机组 3 和机组 6 灌溉 7.5 亩 (0.5hm²) 时表现更优; 机组 2 灌溉 30 亩 (2hm²) 时效果不错; 机组 2 和机组 4 均能用于 75 亩 (5hm²) 地块的灌溉。

(4) 该模型评价指标及评价方法选择时考虑因素都较为全面, 适合机组优势及适应性的系统分析。但缺点是工作量较大, 需输入的参数较多。从另一个角度看, 它能为机组选择及根据用户需要对模型进行简化提供较好的理论基础。

第5章 轻小型移动式喷灌机组多目标优化配置研究

轻小型移动式喷灌机组的综合评价及各指标的影响因素分析，能为低能耗多功能轻小型移动式喷灌机组配置方式的选择提供有力的参考，但当机组及喷头类型选定以后，如何使喷灌机组能耗、成本等成本型指标降低，喷灌均匀性、灌水效率等效益型指标提高，是灌溉规划及机组应用过程中经常面临的最直接也最现实的问题。解决上述问题最根本的方法之一，是提高各项设备的性能。在一定时期内受技术条件或工艺水平的限制，设备性能提高的空间往往非常有限，因此必须依赖机组的优化配置，来降低系统的能耗、成本、操作时间等指标，使机组效益最大化。

喷灌机组配置优化结果的准确性和计算效率与优化模型、水力计算方法及优化算法的选择都有关系。喷灌机组优化模型由优化目标和约束条件组成，前面已有论述，本章主要讨论水力计算方法及优化算法的选择。

轻小型移动式喷灌机组的水力计算主要参考输水管网、固定式喷灌系统及微灌带的水力计算方法进行。如前面分析，输水管网与微灌带中由于最末级管道沿程直接为出水口，不连接喷头，因而可以采用不同的近似方法来拟合管道沿程的水力坡线，从而使多级管道的水力计算得到简化[17]。如图 3-1 中所示喷灌管道由于管道各节点是与喷头竖管相连，喷头的压力及流量与管道节点处的压力及流量需通过迭代计算得到，因此会比输水管网的水力计算更加复杂。本书前面采用的喷灌机组管道水力计算模型，正是考虑了喷灌机组构成特点。本章提出的管道水力计算模型是在该模型基础上的改进和拓展。

遗传算法能有效地优化得到机组最佳配置，以及该配置下的管道沿程管道及喷头的工作压力和流量。但是否有更好的优化算法，使机组配置更加科学合理，也使计算效率及精度提高，降低管道水力设计时的劳动强度，是一个值得探讨的问题。

5.1 轻小型喷灌机组管道水力设计方法

已有的喷灌机组优化模型以退步法管道水力计算方法为基础，该模型中约束条件虽然考虑了水泵与管道的协同运行工况，由于优化目标的不同，可能会导致最佳配置下的水泵工况点与额定工况偏离较大。如以优化目标为单位能耗最小为例，由于能耗对喷头工作压力变化最敏感，如图 3-3 所示，会导致该模型优化得到的喷头数很多，喷头工作压力低，可能此时喷头工作压力及喷头工作压力极差等约束条件已经满足，但机组流量偏大，不一定会是实践经验中使动力机组运行条件较优的工况。因此需对水泵流量加以限制，从而对原来的退步法水力计算模型进行修正改进。

后退法水力计算方法在管道末端喷头工作压力拟定以后，能够方便地对管道沿程其他喷头工作压力及流量依次进行计算。但在管道入口处安装阀门、压力表等可以对系统进行调压或控制的场合，管道首端的压力经常是机组运行状态的考核指标之一。在这种情况下需要依据管道首端的压力值来对管道及喷头进行配置，此时，后退法需多次迭代才能满足管道首端压力的要求，计算效率比较低，因而采用前进法会更加方便。

以往的轻小型移动式喷灌机组管道水力计算方法针对的都为单级管网，或者多级管网布置但一次灌溉每个轮灌组只有 1~2 根支管的场合。当低能耗多功能轻小型移动式喷灌机组灌溉面积拓展后，管道采用多级管网，且有多条支管同时工作时，单纯的前进法或后退法就会有一定的局限，使计算过程比较繁杂，计算效率下降。因而需根据具体问题特点将前进法与后退法结合，运用于低能耗多功能轻小型移动式喷灌机组的水力计算中。

5.1.1　后退法

对传统的基于后退法的管道水力计算优化方法进行改进，加入流量约束，将水泵工况限定在一定范围内，以满足水泵高效运行、柴油机燃油消耗率低的要求。流量约束如式 (5-1) 所示：

$$0.8Q_{\text{design}} < Q < 1.3Q_{\text{design}} \tag{5-1}$$

式中，Q 为水泵流量，m^3/h；Q_{design} 为额定工况下的水泵流量，m^3/h。式 (5-1) 的流量范围可以根据水泵的特性曲线及实际需要调整。

5.1.2　前进法

1. 水力计算模型

前进法是管道水力计算中的常用方法[18]。采用前进法时，将水泵流量代替管道末端喷头工作压力，作为优化模型中的决策变量之一。其他两个决策变量还有喷头数和管道管径。约束条件中考虑水泵流量的约束，反映在适应度值的计算中。

前进法水力计算步骤与后退法相反，二者的差别在于前进法计算时，第一个喷头的流量较难确定，这里先取额定工作压力下的流量，整个水力计算完成之后再对第一个喷头的流量进行修正。采用图 3-2 所示的流程进行管道水力计算和优化，具体过程如下。

1) 计算水泵流量、扬程

先给定水泵流量 Q,则扬程可以用水泵流量–扬程曲线的拟合公式 (3-12) 计算。

2) 计算管路进口的压力与流量

$$H_0 = H - h_b \tag{5-2}$$

式中,H_0 为管路水力计算得到的管道进口压力水头,m;h_b 为水泵进口至管路进口的水头损失 h_f 及水源水面与管路进口之间的高差 h_0 之和[97]。

3) 计算管段 1 的管道和喷头的压力与流量

$$Q_1 = Q_0, \quad q_0 = Q_0 \tag{5-3}$$

$$H_1 = H_0 - f\frac{Q_1^m}{D_1^b}(\alpha + Le_1) - aI_1 \tag{5-4}$$

$$q_1 = q_p \tag{5-5}$$

$$h_1 = H_1 - f\frac{q_1^m}{d^b}(l + le_1) - l \tag{5-6}$$

4) 计算管段 2 至 $n-1$ 段的管道和喷头的压力与流量

$$Q_{i+1} = Q_i - q_i \tag{5-7}$$

$$H_{i+1} = H_i - f\frac{Q_{i+1}^m}{D_{i+1}^b}(\alpha + le_{i+1}) - aI_i \tag{5-8}$$

$$q_i = \mu\frac{\pi d_p^2}{4}\sqrt{2gh_i} = 0.01252\mu d_p^2 h_i^{0.5} \tag{5-9}$$

$$h_i = H_i - f\frac{q_i^m}{d^b}(l + le_i) - l \tag{5-10}$$

式 (5-5) 中,q_p 为喷头额定工作压力下的流量,m^3/h。式 (5-9) 与式 (5-10) 应用迭代法进行求解。

5) 计算末端竖管流量和输水管道末端的压力与流量

$$q_n = Q_n \tag{5-11}$$

$$h_n = H_n - f\frac{q_n^m}{d^b}(l + le_n) - l \tag{5-12}$$

得到 h_n 之后,h_n 需满足《喷灌工程技术规范》(GB 50085—2007T) 规定的 $h_n > 90\% h_p$,喷头相对压力极差率 $h_v < 20\%$(即同一支管上任意两个喷头的工作压力差必须在设计喷头工作压力的 20% 以内)。通过迭代,得到确定的管道及喷头布置方式,再进一步确定水泵流量 Q、扬程 H 和效率 η_b。

6) 水泵效率

水泵的效率为

$$\eta_{\mathrm{b}} = b_1 Q + b_2 Q^2 + b_3 Q^3 \tag{5-13}$$

7) 修正第 1 个喷头的流量, 如式 (5-9) 所示

上述各式中, n 为喷头个数, 个; H_i 为支管第 i 节点压力, m; Q_i 为支管第 i 管段流量, m³/h; Q_0 为喷灌管道入口的流量, m³/h; Q_n 为末端管道的流量, m³/h; h_i 为第 i 节点处喷头工作压力, m; q_i 为第 i 节点处喷头流量, m³/h; q_n 为末端喷头的流量, m³/h; a、l 为喷头间距和竖管长度, m; D_i、d 为输水管道和竖管的内径, mm; Le_i、le_i 为支管和竖管管件局部水头损失的当量长度, m; I_i 为地形坡度; f、m、b 为与管材有关的水头损失计算系数; μ 为流量系数。

2. 算例分析

以喷灌机组 PC45-4.4 为例, 分别配置 15PY、20PY 喷头, 采用前进法与后退法进行水力计算, 以单位能耗为目标通过遗传算法优化, 得到的管道沿程压力分布对比如图 5-1 所示。

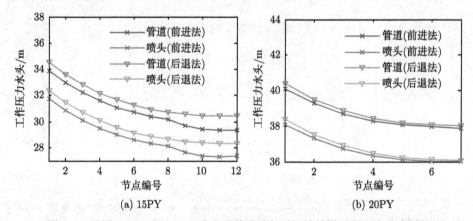

图 5-1　配置 15PY 和 20PY 喷头时前进法与后退法管道沿程压力分布对比

两种水力计算方法得到的机组最优配置都为 12×15PY 和 7×20PY。两种喷头配置下采用前进法与后退法两种水力计算方法得到的机组各项性能参数如表 5-1 所示。表 5-1 中, $h_{\mathrm{v}}(\%)$ 为同一支管上任意两喷头间最大喷头工作压力差与设计压力的比值, 也称喷头工作压力极差率或变化率。

3. 结果讨论

表 5-1 显示, 前进法和后退法两种水力计算方法得到的喷头最低工作压力均符合要求 $h_{\mathrm{pmin}} > 90\% h_{\mathrm{p}}$, 喷头工作压力变化率也在 20% 以内。15PY、20PY 两种

喷头配置下前进法得出的单位能耗普遍比后退法分别低 4.9%、2.0%，且水泵效率略高。其他机组性能参数基本接近。

表 5-1 不同配置下前进法与后退法计算时机组性能对比

配置方式	水力计算方法	D/mm	h_{pmin}/m	h_v/%	Q/(m³/h)	H/m	η_b/%	E_p/(kW·h/(mm·hm²))
12×15PY	前进法	65/50	27.30	14.8	25.20	34.90	51.10	5.540
12×15PY	后退法	65	28.30	12.4	25.70	35.60	49.50	5.825
7×20PY	前进法	65	36.05	5.2	22.33	41.23	57.05	5.801
7×20PY	后退法	65	36.08	5.78	22.83	41.54	56.30	5.921

从图 5-2 可以看出，当喷头数配置较少时，如图 5-2(b)，前进法与后退法性能十分接近，二者得到的管道沿程工作压力及喷头工作压力变化规律和值的大小都基本一致。当配置喷头数较多时，如图 5-2(a)，后退法得到的管道沿程工作压力变化在整个管道长度上均比较平缓。而前进法优化出的管道沿程工作压力在管道长度的 2/3 处有小段骤然下降，再趋于平缓。这可能与喷灌管道的特点有关，反映了水流从水泵出发沿管道向前推进时的水力状态变化情况。

上述管道水力计算方法都是以多口出流管道水力计算方法为基础。喷灌管道与微灌管道相比，出水口少，出水口间距较大，各出水口流量也较大，管道沿程属于明显的间断出流问题，因而喷头工作压力变化连续性稍差，会出现图 5-2(a) 前进法所示喷头工作压力波浪式推进的情况。但喷头工作压力骤降发生的位置需根据实际情况具体分析。

5.1.3 后退法与前进法相结合

当轻小型喷灌机组采用多级管道布置构成地面软管固定式喷灌系统，且有多条支管同时工作时，采用单纯的前进法或后退法会遇到各支管入口处流量及压力难以确定的情况，因此需对水力优化计算方法进行改进。

1. 研究基础及局限性

Kang 等[57]、Trung 等[58] 提出了微灌管网后退法与前进法相结合的水力计算方法，即干管采用后退法确定各支管入口处的流量及压力，再采用前进法得出支管上各个灌水器处的流量及压力分布。该方法为灌溉管网的水力计算提供了很好的借鉴，但在实际操作中，采用后退法对干管进行水力计算时，干管末端的压力较难确定。文中提到的黄金分割法是可行方法之一，但插值区间设定比较随意，难以保证计算结果的准确性。

2. 新方法的提出及优点

针对多支管同时工作时喷灌管网的特点，在上述研究的基础上，提出将前进法、后退法、黄金分割法与喷头流量、压力关系式相结合的喷灌管网水力计算法，如图 5-2 所示。管道布置方式与图 2-4(a) 或图 2-14(a) 低能耗多功能轻小型喷灌机组季节性固定的方式一致。

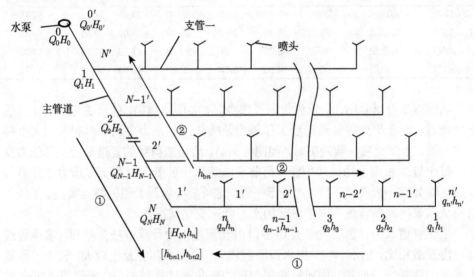

图 5-2　喷灌机组水力计算新方法图解

该方法的计算思路为：①将前进法应用于干管水力计算，得到干管末端的工作压力水头 h_{bn1}，同时采用后退法得到最末端的支管入口处工作压力水头 h_{bn2}，将 h_{bn1} 与 h_{bn2} 进行比较，在 $[h_{bn1}, h_{bn2}]$ 之间采用黄金分割法确定干管末端压力水头 h_{bn}；②再进一步采用后退法计算得到主管道各处的压力和流量，进而将前进法用于各支管的水力计算中。

这种方法能以比较直观的方式反映水泵与末端管道及喷头相互作用的关系，计算过程简便。与 Kang 等[57] 和 Trung 等[58] 的方法相比，该方法的优点在于：

(1) 干管采用前进法计算 h_{bn1}，能够反映水泵供水过程。初始计算参数为水泵的流量和压力，二者关系由水泵流量扬程曲线得到，因而 h_{bn1} 比较可信。

(2) 支管采用后退法计算 h_{bn2}，反映管路构成特点及喷头工作压力需求。初始计算参数为末端喷头最小工作压力，由规范得到，比较可信。

(3) 黄金分割法确定干管末端压力 h_{bn}，反映水泵与末端管道的相互作用，计算方法简洁。黄金分割法计算区间为 $[h_{bn1}, h_{bn2}]$，取其中任意值都有合理性，黄金分割法能够较好地反映事物之间的规律。采用该方法确定最后的干管末端压力

h_{bn}，比 Trung 等[58]的水锤法更加方便。

(4) 干管末端压力 h_{bn} 确定后，后退法计算水泵流量扬程、前进法计算末端喷头工作压力，反映系统的压力传递过程。

(5) 根据喷头过流特性利用喷头流量压力关系式代替多项式拟合方法来计算喷头的流量和压力，能更好地反映喷头结构特点。而 Kang 等[57]、Trung 等[58]喷头流量及压力的关系都是在试验数据的基础上采用多项式拟合方法得到，一方面过于依赖试验，再者无法反映喷头喷嘴直径变化对流量的影响，从而使该方法的通用性和适应性降低，不利于轻小型喷灌机组的配置优化。

喷灌管网的前进法、后退法水力计算方法前面已有介绍，下面仅对黄金分割法进行简要的阐述。

3. 黄金分割法理论基础

黄金分割法也称 0.618 法，它是一维搜索优化问题中试探法的一种，用于单峰函数区间上求极小值。其基本思想是通过取试探点和初始点进行函数值比较，使包含极小点的搜索区间不断减小，最后逼近到极小值的近似值[96]。这个求极值的过程所遵循的原则可以总结为：对称原则、"去坏留好"原则以及等比收缩原则[165]。周云[166]和徐翠兰[68]分别将黄金分割法用于输配水管网管段造价函数参数的确定和微灌管网支管允许水头差分配系数的确定。

对照图 5-2，在区间 $[h_{bn1}, h_{bn2}]$ 上，要计算干管末端工作压力的合理值 h_{bn} 时，黄金分割法搜索过程的函数即为 $f(x) = x$。计算程序采用 Visual Basic 6.0 编写。

4. 计算实例

假设目标区为一面积为 120 亩 ($8hm^2$) 的茶园，地处江苏太湖县。茶园面积为 300m×270m，坡度在 5% 以内，采用移动式喷灌。将茶园分为 15 个地块，每块尺寸为 60m×90m，面积 8.1 亩。每个地块内布置 4 条支管，每条支管上设 5 个摇臂式喷头 15PY，总共 20×15PY，喷头采用矩形布置，间距为 18m×15m。喷头设计工作压力水头为 $h_p=30m$。干管管径选用 $D=80mm$，长 64m，支管管径选用 $D=50mm$，均为涂塑软管。选用轻小型喷灌机组 PC55-11，因机组扬程较高，可以应用于水源较远的场合，当水源很近时，系统首部采用减压阀。因而将式 (5-2) 中水源及泵出口高程差与首部水力损失之和 h_b 取为 6.5m。每次灌溉时 4 条支管同时开启，灌溉完毕后移动到下一地块进行灌溉。

根据太湖县茶叶公司试验资料分析，壮龄茶树灌水临界期日需水量为 6～7 mm/d，设计取 6.5mm/d。根据试验资料，茶叶计划湿润层深度一般为 40cm，土壤适宜含水量上下限分别取田间持水量的 80%～100%[167]。该地土壤容重为

$1.35g/cm^{3[168]}$。经计算，该地区茶叶灌水定额为 27mm，灌水周期为 4d。

采用新提出的前进后退法 (New) 进行水力计算，以单位能耗为目标通过遗传算法进行优化，与 Kang Y 方法[57] 得到的喷灌系统中 4 条支管管道沿程喷头工作压力对比绘于图 5-3 中。

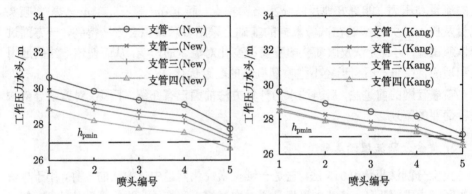

图 5-3　新方法与 Kang Y 方法得到的系统中四条支管上喷头工作压力分布对比

两种方法运行时平台均为操作系统 Microsoft Windows XP Professional 2002，CPU 为 3GHz，内存 2.0GB 的计算机。两种方法运行 20 次的平均计算时间 T_c、最佳性能指标 E_O、鲁棒性能指标 E_R 以及得到的机组性能参数列于表 5-2 中[149]。

从表 5-2 可知，Kang Y 方法实际上是一种水力解析算法，也就是确定性计算方法，故无需对最佳性能指标 E_O、鲁棒性能指标 E_R 进行考量。新提出的前进后退法是对 Kang Y 方法的改进，通过遗传算法这一随机优化算法来实现。新提出的方法 E_O、E_R 两项指标均低于 5%，性能可靠。平均运行时间仅为 4.5s，效率较高。

表 5-2　两种水力计算方法性能及得到的机组参数对比

水力计算方法	h_{pmin}/m	Q/(m³/h)	H/m	η/%	E_p/(kW·h/ (mm·hm²))	T_c/s	E_O	E_R
新方法	26.65	35.03	49.04	65.24	4.818	4.85	4.7%	4.5%
Kang Y 法	26.43	33.88	47.36	67.26	4.544	1	—	—

表 5-2 中，方法一和方法二计算得到的机组性能参数比较接近，但新提出的前进后退法 (方法一) 优化出的水泵工况更接近表 2-1 中该机组的额定工况。Kang Y 方法 (方法二) 得到的机组单位能耗虽然为 4.544 kW·h/(mm·hm²)，比方法一低 5.6%，但是以牺牲支管末端喷头工作压力为前提。如图 5-6(b) 所示，方法二仅有第一条支管喷头最低工作压力水头在允许值 h_{pmin}=27m (90%h_p) 以上，其余支管最低工作压力水头均不足 27m。而图 5-6(a) 中，方法一得到的除第四条支管以外，其余支管最低工作压力水头均在 27m 以上。

图 5-6 中，各支管入口处压力变化能够间接反映了分干管沿程压力变化情况。顺着分干管水流方向，方法一得到的从第一条支管到第四条支管的相邻支管间入口处压力差先减小后增大，方法二的情况是一直减小。两种情况都有一定的理论基础，如 Kang 的研究中图 5 和图 4 所示[57]。从该文研究结果可以看到，管道沿程压力变化率与管道长度密切相关。而本书茶园喷灌系统支管长达 64m，更接近该文图 5 的规律，故方法一可能更能反映管道水力状态实际情况。如需明确方法一和方法二的适用场合，需进行更深入系统的研究。

总体而言，新提出的前进后退法能够综合考虑水泵工况及喷头工作压力的要求，性能优越，与遗传算法结合后灵活性更强，计算效率更高。Kang Y 方法作为一种水力解析方法，在一定范围内已经具有较高的计算精度。

5.2 优化方法比较

采用遗传算法和蚁群算法两种智能算法对轻小型喷灌机组进行优化，并对二者的计算结果、性能特点及适用问题进行比较。

5.2.1 遗传算法

标准遗传算法在多孔管优化设计[169]、双向毛管水力设计[170]、树状管网优化设计[171] 及渠道轮灌配水 0-1 整数规划模型中[172] 的应用也较为常见。上述研究将遗传算法的工作原理与灌溉管网的特点结合的日趋紧密，本书采用的轻小型喷灌机组遗传算法优化方法正是在这些工作的基础上进行，决策变量的编码方式、遗传算子的设计、适应度函数的处理都能很好地反映机组配置这一离散变量组合优化问题的特点，使计算效率提高。但由于遗传算法本身具有过早收敛的特点，会使优化计算得到的最优解不一定是全局最优解。同时，尽管遗传算法鲁棒性较好，但是每次优化计算得到的结果也会有一定差异。因而还可以考虑其他全局优化智能算法，使优化结果得到改进。

遗传算法是仿生算法之一，它实质上是一种概率搜索算法[173]。前面建立的轻小型喷灌机组遗传算法优化模型能为其他优化算法的应用提供一定的基础。

5.2.2 蚁群算法

蚁群算法在管网优化设计中的应用始于 21 世纪初期。Zecchin 等[70] 将最大–最小蚁群算法和基本的蚁群算法两种算法应用于输水管网的优化设计中，并进行对比，结果证明前者更优。在有些优化问题中，蚁群算法也可以与一些基础算法进行结合。如在污水管网管道布置及管径优化中，Moeini 和 Afshar[71] 将蚁群算法与树生长算法 (tree growing algorithm, TGA) 结合，计算实例证明该方法在大型问题的优化中比传统的蚁群算法对初始参数的依赖性更低，因而稳定性增强。

1. 蚁群算法的实现过程

下面对蚁群算法应用于轻小型喷灌机组优化问题中的计算步骤进行介绍。

喷灌系统的优化中，搜索空间的定义如下：

决策变量主要为管道沿程各管段管径，管径构成的集合如下

$$d_i^j \in D_i = \left\{ d_i^1 \cdots d_i^{D_i} \right\}, i = 1, \cdots, n \tag{5-14}$$

当选择的管径不同时，喷头工作压力会发生变化。管段数等于喷头数，喷头数又会进一步影响管道末端喷头工作压力。因此，选择喷头数、管径和管道末端喷头工作压力，与遗传算法优化模型中变量选择一致。优化过程的搜索空间实际上就是满足约束条件的可行域。

蚁群算法最早用于求解旅行商问题 (travelling saleman problem，TSP)[79,91]。将机组配置优化问题与旅行商问题进行对应比拟，系统中每一段管段的管径就相当于连接两个城市的路径，管段数等于可行路径数目，如图 5-4 所示[90]。采用式 (3-1) 罚函数法计算得到的适应度值作为 TSP 问题中路线的总长度，并应用于信息素更新中。以采用单位能耗作为目标函数为例，每段管段的水力损失相当于 TSP 问题中两个城市之间的距离，如图 5-9 所示。这种取法一方面水力损失与管径有关，另一方面管道沿程水力损失总和构成水泵扬程的很大一部分，水泵扬程则直接影响到单位能耗的大小。当优化目标为机组年费用时，每段管段与一套喷头及竖管等附件的总成本可以作为 TSP 问题中两个城市之间的距离，机组年费用作对应路线总长度。

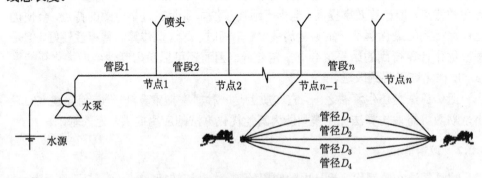

图 5-4　树状灌溉管网蚁群算法示意图

蚁群算法引入转移概率来反映局部信息和全局信息之间的强弱关系，从而决定下一个城市，在本问题中也就是具体管径大小。每一次蚂蚁在节点 i 上为管段 i 选择管径 d_{ij} 的概率 (即转移概率) $p_{ij}^k(t)$ 如式 (5-15) 所示[174–176]。

$$p_{ij}^k(t) = \begin{cases} \dfrac{[\tau_{ij}(t)^\alpha \eta_{ij}(t)]^\beta}{\displaystyle\sum_{u \in J_i^k} [\tau_{ij}(t)^\alpha \eta_{ij}(t)]^\beta}, & J \in J_i^k \\ 0, & J \notin J_i^k \end{cases} \tag{5-15}$$

式中，α 为信息素重要程度因子，其值越大，表示总体信息素的浓度在转移中起的作用越大；β 为启发函数重要程度因子，其值越大，表示启发函数在转移中的作用越大，即蚂蚁会以较大的概率转移到距离短的城市；k 为第 k 只蚂蚁；$\eta_{ij}(t)$ 是启发函数，指引蚂蚁在管段 i 上选择管径 D_i 的期望程度[86,91,92]。以单位能耗为目标喷灌机组配置优化问题中，启发函数的计算方法如下：

$$\eta_{ij}(t) = \frac{1}{h_{ij}} \tag{5-16}$$

式中，h_{ij} 为两个节点间管段 i 上的水力损失，所示采用达西公式计算，对应 TSP 问题中路径的长度。

$$h_{ij} = f \frac{Q_i^m}{D_i^b} L_i \tag{5-17}$$

式中，Q_i 为管段 i 的流量，$\mathrm{m^3/h}$；L_i 为管段 i 的长度，m。

如前面所述，蚂蚁释放信息素的同时，各个城市间连接路径上的信息素逐渐消失[90-92]。当蚂蚁完成一次循环后，信息素会按如下方式更新[177]：

$$\begin{cases} \tau_{ij}(t+1) = (1-\rho)\tau_{ij}(t) + \rho\Delta\tau_{ij}(t) \\ \Delta\tau_{ij}(t) = \displaystyle\sum_{k=1}^m \tau_{ij}^k \end{cases}$$

$$\Delta\tau_{ij}^k(t) = \begin{cases} Q_a/\mathrm{Fit}, & \text{当 } (i,j) \text{ 属于最佳路径,} \\ 0, & \text{其他} \end{cases} \tag{5-18}$$

式中，$\tau_{ij}^k(t)$ 为第 k 只蚂蚁在管道节点 i 与 j 之间选择管径 D_i 时释放的信息素浓度，也就是第 k 只蚂蚁在城市 i 与城市 j 之间连接路径上释放的信息素浓度；ρ 为信息素的挥发系数，$(0 < \rho < 1)$；$\Delta\tau_{ij}(t)$ 为管段 i 的管径 D_i 上所有蚂蚁释放的信息素总量；Q_a 为修正系数；Fit 为所有迭代过程中最佳路径上的适应度值，如式 (3-1) 所示[177,178]。

式 (5-18) 中的信息素更新方式称为蚁周系统 (ant cycle system) 模型。针对机组配置优化问题，该方法进行全局信息素的更新会更加合理。

从蚁群算法的实现过程可以看到，它具有系统学特征。蚂蚁的个体行为作为系统的元素，蚁群间的相互交流体现了系统的相关性，而蚁群可以完成个体完成不了的任务则体现了系统的完整性，显示出系统整体大于部分之和的整体突变原理[176]。蚁群算法作为一种优化算法，则具备分布式计算、自组织和正反馈三个主要特点 [176]。

2. 算例分析 (遗传算法与蚁群算法对比)

为了对比遗传算法 (GA) 与新提出的蚁群算法 (ACO) 在喷灌机组优化问题中性能的优劣，采用以表 1-1 中机组 PQ30-2.2 和 PC40-5.9 作为研究对象，分别配置 10PXH 和 20PY 喷头，以单位能耗为目标进行优化。并将优化结果与 2010 年 6~8 月机组的试验结果进行对比，来验证两种方法的可行性。管道水力计算方法采用后退法。式 (3-1) 适应度计算时各约束条件惩罚系数的取值为 $\mu_1 = 100$，$\mu_2 = 1$，$\mu_3 = 50$。遗传算法 (GA) 与蚁群算法 (ACO) 计算时各参数的取值如表 5-3。

表 5-3　遗传算法与蚁群算法操作参数

优化算法	参数设置	取值
GA	种群大小 M_{GA}	200
	最大迭代次数 $N_{\max}$	30
	交叉概率 P_c	0.8
	变异概率 P_m	0.05
ACO	蚂蚁数 m_{ant}	40
	信息素重要程度因子 α	1
	启发函数重要程度因子 β	2
	最大迭代次数 $t_{\max}$	50
	信息素挥发系数 ρ	0.3
	修正系数 Q_a	1

1) 优化结果

采用 GA 与 ACO 两种方法得到的四台机组单位能耗 E_p 随喷头数 n 的变化情况如图 5-5 所示。

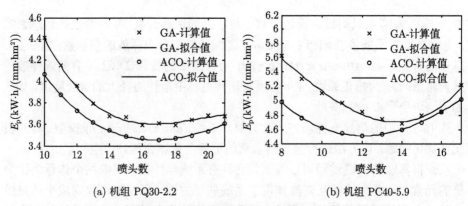

(a) 机组 PQ30-2.2　　　　　　　　　　(b) 机组 PC40-5.9

图 5-5　采用遗传算法和蚁群算法时喷灌机组 PQ30-2.2 和

PC40-5.9 不同喷头数下的机组能耗

采用蚁群算法进行优化计算时，当机组 PQ30-2.2 和 PC40-5.9 分别配置最优喷头数 $n=17$ 和 $n=12$，各蚂蚁不同迭代次数下，优化目标 E_p 的平均值和最小值的演化过程如图 5-6 所示。

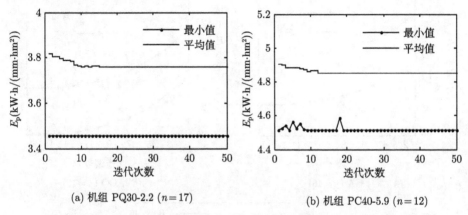

(a) 机组 PQ30-2.2 $(n=17)$ 　　　　　(b) 机组 PC40-5.9 $(n=12)$

图 5-6 蚁群算法最优喷头数下不同迭代次数中能耗最小值与平均值的对比

遗传算法 (GA) 采用 Visual Basic 6.0 编写，在操作系统 Microsoft Windows XP Professional 2002，CPU 为 3GHz，内存 2.0GB 的计算机上运行，不同机组优化时，不包含数据结果绘图所需的运行时间为 8~16s。蚁群算法 (ACO) 采用 Matlab 2007a 编写，计算机参数一致，包含每台机组的优化结果绘制功能时总运行时间为 13~30s。GA 运行 20 次时优化结果差异在 5% 以内，ACO 方法得到的优化结果比较稳定，差异在 1% 以内。

机组 PQ30-2.2 和 PC40-5.9 分别采用遗传算法和蚁群算法得到最优配置下的管道沿程管道及喷头工作压力分布，与试验结果对比如图 5-7、图 5-8 所示。试验中最优喷头数通过多方案试配置得到，仅将最优结果绘入图中。

2) 讨论

从图 5-6 可以看到，两台机组采用遗传算法进行优化时，迭代次数采用 50 次 (即蚂蚁数为 50)，迭代到 20 代时单位能耗优化结果已经基本趋于稳定。算法中各蚂蚁优化得到的两台机组目标最优值和平均值之间的差别分别为 8.5%、6.8%。图 5-6 中，蚁群算法得到的不同喷头数配置下的机组单位能耗全在一条曲线上，且比较光滑，而遗传算法计算结果分布在单位能耗–喷头数拟合曲线的两侧，存在略微的差别。该结果表明蚁群算法计算精度较遗传算法更高，计算效率也更高。

将图 5-6 与图 5-7、图 5-8 对比，可以发现，蚁群算法优化出的最佳喷头数与试验结果更加接近。机组 PQ30-2.2 配置 16×10PXH，机组 PC40-5.9 配置 12×20PY。图 5-11 和图 5-12 中 GA、ACO 和试验测试三种方法得到的管道沿程压力变化对比可以发现。对于机组 PQ30-2.2，蚁群算法得到的管道沿程压力分布图 5-7(b) 与试验结果图 5-7(c) 更加接近。而机组 PC40-5.9 中，试验得到的管道沿程压力分布界于蚁群算法与遗传算法计算结果之间。

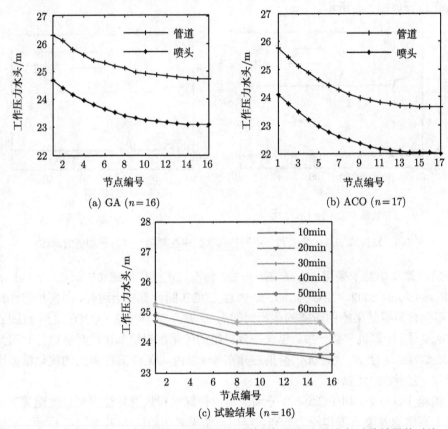

(a) GA ($n=16$)　　　　　　　　　　　　(b) ACO ($n=17$)

(c) 试验结果 ($n=16$)

图 5-7　机组 PQ30-2.2 两种优化算法得到的管道沿程压力分布与试验结果的对比

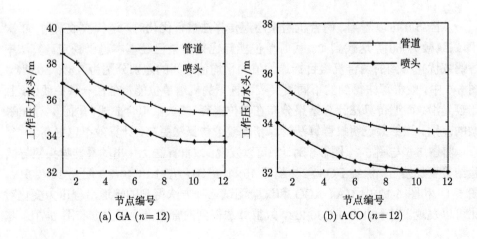

(a) GA ($n=12$)　　　　　　　　　　　　(b) ACO ($n=12$)

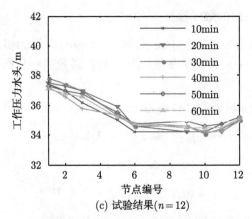

(c) 试验结果(n = 12)

图 5-8　机组 PC40-5.9 两种优化算法得到的管道沿程压力分布与试验结果的对比

上述研究结果及分析表明，采用新建立的蚁群算法对喷灌机组进行优化是可行的。并且，对于轻小型喷灌机组配置优化这类规模较小的优化问题，蚁群算法与遗传算法计算结果差别不大。但蚁群算法在计算精度、优化结果稳定性方面都比遗传算法更优，而且效率也高。

5.3　多目标优化方法

轻小型喷灌机组的配置优化实际上是一个多目标、多因素的优化问题。以往对喷灌系统的优化都是以年费用或总成本为目标进行优化，它能反映大部分喷灌工程的需求。但这些研究忽略了系统中其他技术、环境、社会类指标的分析，不利于系统进一步的配置优化。该现象在用工量较大、配置方式多样的轻小型喷灌机组的研究分析中更加明显。

目前喷灌系统的多目标优化方面研究甚少，一方面是由于系统中各变量之间关系比较复杂，需要借助合理的水力计算模型推算出优化变量与优化目标之间的关系，因而更多研究关注于水力计算方法的建立和选择；另一方面是由于以往对喷灌系统的短期效益注重较多，故系统经济性分析所占比例较大，但环境、社会等方面与系统管理有关的长期性指标分析较少；并且，由于常见的系统成本、喷灌均匀性等指标都是单独分析，各指标影响因素的研究要么不够系统，要么很少与系统的配置方式联系起来，这种情况下很难从根本上提高系统配置的合理性，进而优化各项评价指标。

借鉴文献 [103] 建立的喷灌机组优化配置模型，在单目标机组配置优化、喷灌机组评价指标及影响因素分析的基础上，参考本章提出的轻小型喷灌机组水力计算模型，可以对轻小型移动式喷灌机组进行多目标优化。

5.3.1　多目标优化问题的数学模型

多目标优化问题 (multi-objective problem, MOP) 又称为多准则优化问题[179]。不失一般性，一个具有 n 个决策变量、m 个目标函数的多目标优化问题可表述为式 (5-19)[179]。

$$\min y = F(x) = (f_1(x), f_2(x), \cdots, f_m(x))$$

$$\text{s.t. } g_i(x) \leqslant 0, \quad i = 1, 2, \cdots, q$$

$$h_j(x) \leqslant 0, \quad j = 1, 2, \cdots, p \tag{5-19}$$

$$x = (x_1, x_2, \cdots, x_n) \in X \subset \mathrm{R}^n$$

$$y = (y_1, y_2, \cdots, y_n) \in Y \subset \mathrm{R}^n$$

式中，$x = (x_1, x_2, \cdots, x_n)$ 称为决策变量，X 是 n 维的决策空间；$y = (y_1, y_2, \cdots, y_n)$ 称为目标函数，Y 是 m 维的目标空间；目标函数 F 定义了映射函数和同时需要优化的 m 个目标；$g_i(x) \leqslant 0 (i = 1, 2, \cdots, q)$ 定义了 q 个不等式约束；$h_j(x) = 0 (j = 1, 2, \cdots, p)$ 定义了 p 个等式约束。

5.3.2　求解方法

传统的多目标优化方法是将多目标问题的各子目标聚合成一个单目标函数，系数由决策者决定或由优化方法自适应调整。常见的古典方法有线性加权和法、约束法、目标规划法、极大极小法等[180,181]。近十年发展起来的智能多目标优化算法有：基于进化算法的多目标优化算法、基于粒子群的多目标优化算法、基于协同进化的多目标优化算法和基于人工免疫系统的多目标优化算法等[179,182,183]。

线性加权和法易于理解、可操作性强、便于计算，虽然存在各目标权重难以确定的缺点，但在轻小型喷灌机组的优化中可以与已建立的机组评价准则联系起来，因而应用于本书的研究中。

线性加权和法也称分量加权和法，是由 Zadeh[184] 于 1963 年提出的。该方法也是多目标优化问题中基于偏好的求解方法之一，其基本思想是为每个目标函数分配权重从而将多目标问题转化为单目标问题进行求解[185]。加权和法可表示为 [179]

$$\min f(x) = \sum_{i=1}^{k} \omega_i f_i(x)$$

$$\text{s.t. } x \in X_f \tag{5-20}$$

式中，ω_i 为权值，通常可以将权值正则化后使得 $\sum \omega_i = 1$。当权值选择不同时该优化问题可以得到不同的解集。如果所求问题具有凸性，那么理论上，采用该方法反复迭代就能得到一个完全的多目标非劣解集或 Pareto 最优解集[186]。

　　轻小型移动式喷灌机组多目标优化配置时，不是所有的评价指标都能作为直接优化计算的目标。如图 4-1 所示的喷灌机组综合评价指标体系中，机组单位能耗与管道水力状态有直接对应的关系，操作时间一定范围内只与喷头数、管道选择有关，一定布置间距下喷灌均匀性理论值由工作压力决定，因而上述三个指标可以作为配置优化计算的子目标。机组生命周期成本 (LCC) 由于包含因素过多，不适于优化计算，而式 (3-7) 表示的机组年造价由于只与管材及喷头用量等因素有关，可以用作优化计算子目标。喷灌强度及灌水效率等因素田间应用时受气候因素影响较大；机组可靠性及储存方便性与设备性能有关，都不适合于机组的配置优化，只能通过试验或依据经验来考察。因此选择机组喷灌均匀性、年造价、单位能耗及操作时间作为喷灌机组多目标优化计算的四个子目标，对应机组综合评价的技术、经济、环境、社会四个方面。

5.4　本章小结

　　(1) 以喷灌管网水力学为基础，结合喷灌机组水泵运行及系统压力控制特点，对传统的后退法水力计算方法进行改进，对于"一"字形管道布置分别提出考虑流量约束的后退法和前进法水力计算方法。以喷灌机组 PC45-4.4 分别配置 15PY、20PY 喷头为例前进法与后退法的对比结果表明，15PY、20PY 两种喷头配置下前进法得出的单位能耗普遍比后退法分别低 4.9%、2.0%。当喷头数配置较少时，前进法与后退法性能十分接近，二者得到的管道沿程工作压力变化规律和值的大小都基本一致。当配置喷头数较多时，后退法得到的管道沿程工作压力变化在整个管道长度上均比较平缓。而前进法优化出的管道沿程工作压力在管道长度的 2/3 处有小段骤然下降，再趋于平缓的过程，可能与喷灌管道相比于微灌管道呈现出多孔间断出流，喷头工作压力波浪式推进的特点有关。

　　(2) 对于多级管道布置，提出前进法、后退法以及黄金分割法相结合的轻小型喷灌机组管道水力计算方法。以喷灌机组 PC55-11 灌溉 120 亩 (8hm^2) 的茶园为例，新提出的前进后退法与 Kang Y 方法的对比结果表明，两种方法得到的机组单位能耗相差 6.0%，管道沿程压力分布规律基本一致，但 Kang Y 方法得到的四条支管中有三条支管末端喷头工作压力低于规范允许值 $0.9h_p$，而新提出的前进后退法只有一条支管不满足要求。因此，新方法能够综合考虑水泵工况及喷头工作压力要求，性能优越，与遗传算法结合则灵活性更强，计算效率更高。

　　(3) 采用遗传算法与蚁群算法相互对比的方法，探讨两种方法适用的喷灌机组配置优化问题及场合。以机组 PQ30-2.2 和 PC40-5.9 分别配置 10PXH 和 20PY 喷头为例，以单位能耗为目标进行优化。计算结果表明，蚁群算法计算精度较遗传算法更高，计算效率也高。与前期田间试验对比表明，蚁群算法优化出的最佳喷头数与试验结果更加接近。对于机组 PQ30-2.2,蚁群算法得到的管道沿程压力分布与试验结果更加接近。而机组 PC40-5.9 中,试验得到的管道沿程压力分布界于蚁群算法与遗传算法计算结果之间。

(4) 建立了基于线性加权和法的轻小型喷灌机组多目标配置优化方法。采用喷灌均匀性、年造价、单位能耗及操作时间作为喷灌机组多目标优化计算的四个子目标,为机组的优化配置提供参考。

第6章　轻小型移动式喷灌机组多目标优化配置实例

轻小型喷灌机组单目标影响因素研究、评价指标体系建立及优化模型的研究，都为本章低能耗多功能轻小型移动式喷灌机组的多目标优化配置及规模拓展提供了良好的理论基础。本章中机组的多目标配置，不仅指的是评价指标采用多目标，还包含了多应用场合、不同管道布置方式下等一个或多个应用条件发生变化时机组的优化配置。对于管网构成相对简单、系统规模相对较小的轻小型喷灌机组而言，与采用多目标智能算法对机组进行优化研究相比，机组的多形式多用途方面的研究更具理论和实际意义。机组多目标多应用配置能为喷灌效益的发挥和机组的推广提供一定动力，为新的机组组成形式和应用方式的提出提供一定的启示，也为低能耗多功能轻小型喷灌机组系统的理论研究提供良好的开端。

本章主要以一台喷灌机组为基础构建低能耗多功能轻小型喷灌机组，进行机组的单目标多种喷头配置对比，配置特定喷头时多目标配置优化以及不同支管布置方式对比。并对灌溉面积更大的场合，选用一台动力更大的机组，就 8 种管道布置方式进行多指标评价对比。上述研究内容能为新建立的低能耗多目标轻小型移动式喷灌机组的单目标、多目标优化，和机组的实际应用提供有价值的参考。

6.1　单目标多种喷头配置对比

喷灌机组单目标配置优化结果能为多目标优化提供一定的理论基础和参考。对于每一台轻小型移动式喷灌机组而言，能够配置的喷头种类及数量都是多样的。因此，轻小型喷灌机组单目标多种喷头配置方式的优化，对机组配置方式的选择具有较强的理论和实际意义。

6.1.1　优化指标的选取

分别采用机组单位能耗 E_p、年费用 C_A、总费用 C_{total} 作为优化指标，对同一台机组，配置不同喷头时的情况进行优化。

6.1.2　机组及喷头的选择

本章采用表 2-1 中的机组，各机组中的动力机泵及进水管价格之和见表 6-1。

选用表上表中的机组 PC45-4.4，构建低能耗多功能轻小型喷灌机组。据调研结果显示，该机组在江苏、安徽、山东等地使用较多，配套水泵型号为 50BP-45，水泵性能曲线见图 6-1[22,108]。以该机组分别配置 15PY、20PY、40PY 为例，采用不同优化目标对机组进行优化。部分喷头实物图如图 6-2 所示，喷头价格如表 4-1 所示，管道价格见表 6-2。

表 6-1　喷灌机组动力机泵及进水管价格之和

机组编号	机组型号	动力机、水泵及进水管造价 C_b/(元/套)
1	PC20-2.2	1760
2	PC35-2.9	1990
3	PC45-4.4	2260
4	PC55-8.8	3430
5	PC55-11	4170
6	PC55-13.2	4210
7	PC60-18.5	5200

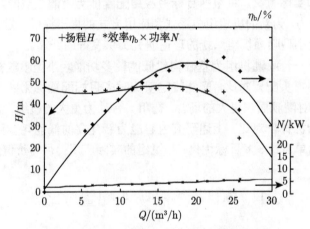

图 6-1　水泵 50BP-45 性能曲线

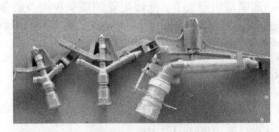

图 6-2　PY 系列备选喷头实物图 (从左到右依次为 15PY、20PY、30PY)

表 6-2　管道备选管径及单价

管径 D/mm	单价/(元/m)	管径 D/mm	单价/(元/m)
40	3.5	65	5
50	4	80	6.5

机组优化计算参数取值如下：

对于以柴油机为动力的喷灌机组，燃料采用 0#柴油，价格按 7.54 元/L 计，换算得燃料价格 E_{diesel}=0.8 元/(kW·h)。汽油的价格按 7.54 元/L 计，换算得到 E_{petrol}=0.88 元/(kW·h)。电费按 $E_{electricity}$=0.5 元/(kW·h) 计。用工费为 C_{lb0}= 8 元/h。动力机运行效率取 η_d=0.4，田间喷洒水利用系数取 η_p=0.9。水泵折旧年限 10 年，管道折旧年限 5 年，故机组折旧年限取 10 年，折旧率 0.20。年利率 0.095，年平均大修率 0.01[103,108]。机组年运行时间取 300h，每个灌溉周期内平均移动 15 次[22,108]。

对于表 2-1 中的机组 PC45-4.4，初始配置方式为 9×15PY、管道采用 D=50mm。以 Visual Basic 6.0 为平台，运用退步法进行管道水力计算，采用遗传算法对不同优化目标下的最佳配置方式及管道沿程各喷头压力、流量等参数进行计算，此时最佳配置即优化配置。

6.1.3 优化结果及讨论

1. 优化效果分析

应用已建立好的喷灌机组优化模型，以单位能耗为目标时，不同类型喷头配置相比，最优配置方式为 12×15PY[108]。将优化前初始配置 9×15PY 与优化后的最佳配置 12×15PY 时的机组各项参数进行对比，如表 6-3 所示。

表 6-3　配置 15PY 喷头时优化前后机组性能对比

配套方式	管径 D/mm	管道		水泵			单位能耗 E_p/(kW·h/ (mm·hm²))
		最小工作压力水头 h_{pmin}/m	工作压力极差率 h_v/%	流量 Q/(m³/h)	扬程 H/m	效率 η_b/%	
9×15PY	50	31.9	22.3	20.7	40.8	54.7	5.918
12×15PY	65/50	27.2	18.7	25.1	33.1	51.2	5.487

注：喷头工作压力极差率 h_v 为支管上任意两喷头间最大喷头工作压力差与设计压力的比值[143]。

从表 6-3 可知，配置 12×15PY，且前 11 段管径为 65mm，最后一段管径为 50mm 时，喷头工作压力变化率为 18.7%，与机组初始配置 9×15PY 相比能耗降低了 7.3%。优化配置前后管道与喷头沿程压力及管道流量分布见图 6-3。管道流量线性变化，则各喷头处为均匀出流。优化后系统工作压力明显降低，管道沿程工作压力变化更加平缓，喷灌均匀性将有所提高，机组总体性能更优[108]。

2. 最佳配置方式对比

采用喷灌机组单位能耗、年费用及使用年限内总费用 3 个指标，考虑 4 种配置方式得到的最佳喷头数优化结果对比见表 6-4[108]。表 6-4 中，各组配置方式下与表 2-1 中初始配置相应评价指标大小及构成的对比结果见图 6-4[108]。

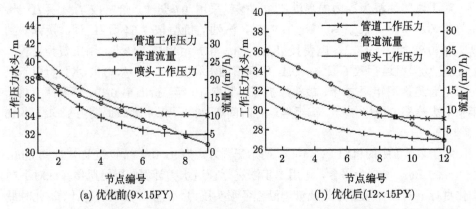

(a) 优化前(9×15PY)　　　　　　(b) 优化后(12×15PY)

图 6-3　能耗最小为目标优化的前后机组配置 15PY 喷头时的管道沿程压力分布对比

表 6-4　机组配置不同喷头时优化指标与最优配置方式对比

喷头型号	优化目标 (评价指标)			优化结果	
	单位能耗 E_p/(kW·h/(mm·hm²))	年费用 C_A/(元/(a·hm²))	总费用 C_{total}/(元/hm²)	喷头数 n/个	管径 D/mm
10PXH	5.535	784.6	7145.8	24	65/50
15PY	5.487	650.3	6674.6	12	65/50
20PY	5.985	685.1	6284.8	7	65
40PY	5.704	652.8	6748.6	1	65

表 6-4 中对比可得,以单位能耗为目标时,机组最优配置方式为 12×15PY,此时能耗为 5.487kW·h/(mm·hm²)。以年费用为目标,此时最优配置方式也为 12×15PY。

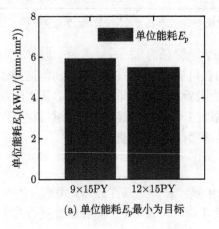

(a) 单位能耗 E_p 最小为目标

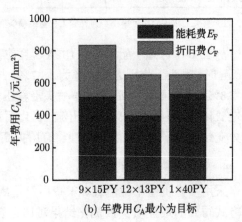

(b) 年费用 C_A 最小为目标

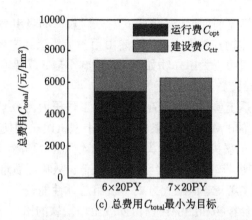

(c) 总费用 C_{total} 最小为目标

图 6-4 不同指标下机组最优配置与初始配置性能对比

从图 6-4(b) 可以看出，配置 12×15PY 时机组年费用比初始配置时降低 22.1%。配置 1×40PY 时，机组年费用也很低，且 H=45.44 m，Q=18.0 m³/h，η_b=58.6%，机组工作在水泵额定工况点附近。

目标为总费用时，配置 7×20PY 机组总费用最低，为 6284.8 元/hm²，比机组初始配置 6×20PY 时降低 15.1%，比配置 12×15PY 时降低 5.8%，比配置 1×40PY 时降低 6.9%。

3. 讨论

1) 评价指标的影响

从表 6-4 及图 6-4 知，在不同评价指标下，得到的最佳喷头组合方式有所不同。单位能耗及机组年费用能反映短期效益，总费用更能反映长期灌溉效益。考虑近期效益时，配置选用 12×15PY 或 1×40PY 比较合适，长期使用选用 7×20PY 系统总投资最低，且机组效率较高、喷头工作压力偏差率小，灌溉效果更佳[108]。

2) 年费用及总费用构成分析

对于只有一级或二级管道的轻小型喷灌机组，能耗费 E_F、运行费 C_{opt} 分别是系统折旧费 C_F、建设费 C_{ctr} 的 2 倍左右，喷头数少时比例更大。能耗费或运行费占年费用或机组总费用的主要部分，因此采用中低压喷头、降低系统工作压力对降低系统能耗具有重要意义。

3) 各项配置适用场合分析

表 6-4 中，配置 15PY 喷头时，系统单位能耗、年费用都是 4 种组合中最低的，总费用也不高；同时喷头工作压力低，组合喷灌均匀性高，但其缺点是移动时用工量较大。适合于粮食作物幼苗或经济作物的灌溉，采用浅水勤灌。

配置 40PY 时，机组单位能耗较高，但年费用很低，而且系统构成简单，移动、维修都比较方便。经厂家前期调研,该方式对一般农户的吸引力很大。但其缺点是喷头工作压力高,对作物打击力大,且喷灌中由于喷头运转产生的反向冲力较大,易使立杆倾斜,因而适用于大田作物如玉米、成熟小麦、草坪等的灌溉,是干旱季节应急抗旱的推荐产品。

配置 20PY 时,系统单位能耗最高,因喷头工作压力为 0.4 MPa,运行在喷头额定工作压力 0.30~0.40 MPa 的上限值。在轻小型机组长期使用中,农户形成的经验为倾向于使用中压喷头,配置喷头数较少,运行压力稍高,从而使系统初投资降低。优化分析也表明,该配置下机组总费用最低。从喷灌质量、系统投资、便捷性、运行稳定性等角度考虑,该配置方式下机组总体性能较优,通用性强,使用范围较广,如应用于粮食作物和经济作物苗期或土壤松软的田块喷灌。

6.2　机组多目标配置优化

以机组 PC45-4.4 配置 15PY 喷头,布置间距采用 15m×15m 为例,验证喷灌机组多目标优化方法的可行性。机组选择与单目标多喷头优化中选择的机组一致。选取的优化目标有选取单位能耗 E_p、年造价 C_F、均匀性 CU、操作时间 $T_{p,sum}$ 四个指标。所选四个指标相互独立,采用式 (5-21) 线性加权和法对优化目标进行处理。并通过遗传算法进行优化。

6.2.1　子目标拟合公式

由于喷灌机组配置优化过程中,各目标需直接与管径 D、喷头数 n、喷头间距 a、喷头工作压力 h_p 等决策变量之一或多个变量有关。因此,对于特定喷头,可以将组合喷灌均匀性 CU 通过拟合公式表示为喷头工作压力 h_p 的函数;操作时间 $T_{p,sum}$ 则表示为喷头数 n 与喷头间距 a 的函数。

均匀性CU拟合时采用的数据为图3-11(a)中喷头15PY工作压力分别为0.2MPa、0.25MPa、0.3MPa、0.4MPa 时的组合喷灌均匀性。操作时间计算是,以机组 PC45-4.44 配置 15PY 喷头为对象,对喷头数取 n=9、10、11、12 四个水平,喷头间距取 a=13m、15m、18m 三个水平构成的 12 个组合分别进行计算,再对结果进行拟合。均匀性拟合公式如式 (6-1) 所示。

$$\mathrm{CU} = -2.919h_p^3 + 0.949h_p^2 + 0.431h_p + 0.612 \tag{6-1}$$

该拟合公式均方根误差 RMSE=0.00366;相关系数之平方 R_r^2= 0.908。

喷灌机组的操作时间 $T_{p,sum}$ 拟合公式如下

$$T_{p,sum} = 38.943n + 6.730a - 115.127 \tag{6-2}$$

该拟合公式均方根误差 RMSE=2.965;相关系数之平方 R_r^2= 0.996。

6.2.2 目标归一化及权重设置

喷灌机组多目标优化问题中，单位能耗 E_p、年造价 C_F、均匀性 CU、操作时间 $T_{p,sum}$ 四个优化目标取值区间差别很大，因此需通过规格化 (归一化) 来消除量纲差异对优化结果的影响。归一化计算公式采用式 (4-10) 和式 (4-11)。

单位能耗 E_p 的取值区间参照表 3-3；CU 取值区间参照表 3-15，喷头工作压力为 0.25~0.4MPa。年造价采用式 (3-7) 计算。对于机组 PC45-4.4 配置 15PY 喷头，将喷头数 $n=9$、喷头间距为 $a=13$m、管径为 $D=50$mm 时的年造价作为 C_F 的最小值；将喷头数 $n=12$、喷头间距为 $a=18$m、管径为 $D=65$mm 时的年造价作为 C_F 的最大值。操作时间 $T_{p,sum}$ 的取值区间参照式 (6-2) 拟合时的原始数据。假定一个灌溉季节内移动 18 次，机组每年总的操作时间为 $T_{p,all}$ 单位为小时/年 (h/a)。

采用上述方法得到的子目标取值区间如式 (6-3)~ 式 (6-6) 所示。

$$E_p \in [4.53, 7.774](\text{kW} \cdot \text{h}/(\text{mm·hm}^2)) \tag{6-3}$$

$$C_F \in [177.4, 377.1](\overline{\text{元}}/(\text{a} \cdot \text{hm}^2)) \tag{6-4}$$

$$\text{CU} \in [0.7249, 0.7532] \tag{6-5}$$

$$T_{p,all} \in [322.9, 473.3](\text{h}/\text{a}) \tag{6-6}$$

子目标归一化，并采用线性加权和法进行聚合之后，仍采用式 (3-1) 所示惩罚系数法来构造遗传算法中的适应度值。

根据决策者偏好与实际需要，子目标权重设置采用试算法来对优化结果进行对比。拟采用的权重设置如下

$$W_1 = (0.2, 0.25, 0.2, 0.35)^T \tag{6-7}$$

$$W_2 = (0.4225, 0.27, 0.1725, 0.135)^T \tag{6-8}$$

$$W_3 = (0.1, 0.4, 0.1, 0.4)^T \tag{6-9}$$

$$W_4 = (0.1, 0.4, 0.4, 0.1)^T \tag{6-10}$$

$$W_5 = (0.1, 0.1, 0.7, 0.1)^T \tag{6-11}$$

假设喷头间距不变，以上权重设置下得到的机组最优配置、四项子目标值和总目标值 F(量纲一) 如表 6-5 所示。表中管道管径未给出每段管径的具体取值，但不同权重设置时得到的最优管径取值差别很小。

上述权重下优化得到的管道沿程压力分布规律与图 5-2(a) 中以单位能耗为目标、采用后退法进行水力计算的结果类似。以单位能耗为目标进行机组单目标优化计算时，得到的机组单位能耗值为 5.542kW·h/(mm·hm^2)。

表 6-5　不同权重设置下机组最优配置与性能参数对比

权重	喷头数 n/个	管径 D/mm	E_{p}/(kW·h/(mm·hm^2))	C_{F}/(元/(a·hm^2))	CU/%	$T_{\mathrm{p,all}}$/(h/a)	F
W_1	12	65	5.472	272.2	72.72	453.1	−227.6
W_2	12	65/50	5.591	271.3	74.56	453.1	−136.7
W_3	12	65/50	5.587	271.3	74.56	453.1	−290.3
W_4	12	65/50	5.700	269.6	74.62	453.1	−153.4
W_5	12	65/50	5.474	271.3	74.47	453.1	−72.47

6.2.3　计算结果与讨论

表 6-5 中, 不同权重设置下喷灌机组多目标优化得到子目标单位能耗 E_{p} 的平均值为 5.565kW·h/(mm·hm^2), 几乎等于以单位能耗为目标的单目标计算结果; 且不同权重下子目标 E_{p} 的差别在 4.0% 以内。这些结果表明上述轻小型喷灌机组多目标优化方法是可行的。通过不同的权重设置, 多目标优化可以计算得到比单目标优化更低的单位能耗值。

从表 6-5 也可以看到。子目标不同权重设置时得到的机组最优配置相差不大, 唯一的差别只在于管径为 $D=50$mm 管段的数目及位置。喷头数和间距一致时, 操作时间 $T_{\mathrm{p,sum}}$ 基本固定; 年造价 C_{F} 的变化也很小, 管径的变化会引起其细微的变化。机组配置的变化 (主要是管径的变化) 对单位能耗 E_{p} 的影响最大, 其次是喷灌均匀性 CU。

总体而言, 对于同一台轻小型喷灌机组, 由于水泵、喷头工作压力及管道布置方式等方面的限制, 机组的优化配置在优化问题范畴中属于规模较小的问题, 求解的搜索空间较小, 因而多目标优化的效果不是很明显, 一定程度上单目标优化方法已经足够。但对于多条件, 多台机组选择时, 或者是更大规模的喷灌系统、输水系统可以采用上述多目标优化方法来进行系统的优化。

6.3　不同支管布置方式对比

6.3.1　支管布置选择依据

低能耗多功能轻小型喷灌机组支管基本布置方式有 (a)"一" 字形、(b) 两条支管及 (c) 组合式双支管三种方式, 如图 2-13 所示。表 2-1 中各机组配置喷头数都在 20 以下, 表 1-1 除机组 PD25-2.7 以外, 其余机组配置喷头数均小于 20。根据前期机组水力计算结果及用户的实践经验, 当机组配置喷头数 $n \leqslant 10$ 时, 管道一般宜采用 "一" 字形布置; 当喷头数 $10 < n < 20$, 管道宜采用两条支管或组合式双支管布置; 当喷头数 $n > 20$, 管道宜采用多条支管布置。在保证每条支管喷头工作

压力极差率 $h_v < 20\%$ 的前提下，有些机组由于配置的喷头流量小，喷头数 $n > 10$ 时也可采用 "一" 字形布置。当地块为方形、为提高喷灌均匀性或为了改善田间小气候时，$n \leqslant 20$ 的场合也可以采用多条支管布置。

对于大多数喷头数 $n > 10$ 的轻小型喷灌机组而言，管道的三种布置方式 (a)"一"字形、(b) 两条支管、(c) 组合式双支管哪种更优，需要通过优化计算及综合比较决定。故以表 2-1 中机组 PC45-4.4 配置 15PY 喷头为例，对比三种管道布置方式下的机组优化结果，从而得到三者的优劣情况及适用的场合。

6.3.2 不同支管布置计算结果对比

1. 配置计算

仍采用轻小型喷灌机组 PC45-4.4，各项参数及配置的 15PY 喷头性能如表 2-1 所示，对不同支管布置方式进行计算对比。管道布置分别采用 (a)"一"字形、(b) 两条支管、(c) 组合式双支管三种方式。分别以单位能耗、年费用及总费用为目标，采用后退法进行管道的水力计算，利用遗传算法对机组进行优化。一个灌溉季节内，机组移动次数以 $M = 15$ 计。优化结果见表 6-6。

表 6-6 不同支管布置方式下机组性能及最优配置方式对比

管道布置编号	优化目标 (评价指标)			优化结果	
	单位能耗 $E_p/(\text{kW·h}/(\text{mm·hm}^2))$	年费用 $C_A/(\text{元}/(\text{a·hm}^2))$	总费用 $C_{total}/(\text{元/hm}^2)$	喷头数 n/个	管径 D/mm
(a)	5.479	630.4	5753.6	12	65
(b)	5.065	619.2	5772.7	12	65
(c)	5.383	621.5	5734.3	12	65/50

1) 管道沿程压力分布

优化结果表明，以单位能耗为目标和以年费用为目标时得到的管道沿程压力差别不大。故将以单位能耗为目标时的三种支管布置下管道沿程喷头及管道的压力及流量进行对比，如图 6-5 所示。

2) 喷灌均匀性及操作时间

从图 6-5 可以看到，当支管采用不同的布置方式时，管道沿程压力分布会有一定差异，组合喷灌均匀性也会发生变化。同时，由于不同布置方式下管道的连接方式不同，管道安装时间及分配系统中各部件的行走时间也不相同，会导致操作时间的差异。三种管道布置方式下采用同样的喷头间距和支管间距。将喷灌均匀性及操作时间对比情况列于表 6-7 中。表 6-7 中，喷灌均匀性由管道中段相邻喷头组合喷洒的喷灌均匀性来表征。

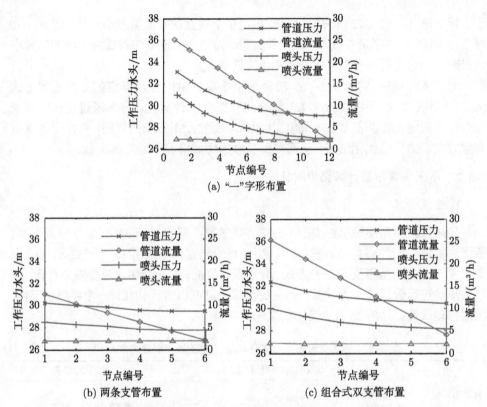

图 6-5　三种支管布置方式下管道及喷头沿程压力及流量对比 (配置 15PY 喷头)

表 6-7　三种支管布置操作时间对比

管道布置编号	平均工作压力 p_{avg}/MPa	CU/%	操作时间 $T_{p,sum}$/min	
			初始安装	正常使用
(a)	0.28	75.7	97.5±7.9	75.6±6.6
(b)	0.28	75.7	89.5±7.3	67.6±5.9
(c)	0.285	75.9	71.9±5.9	60.9±5.2

3) 灰色关联评价

　　如上面所述,采用机组单位能耗、年费用、总费用、喷灌均匀性和操作时间等五个评价指标,并结合管道沿程压力分布来评价机组 PC45-4.4 配置 15PY 时三种支管布置方式的优劣。并结合机组应用实践,采用以下三个权重进行试算。由式 (4-14) 得到的 3 种管道布置方式的灰色关联度 ξ 计算结果如表 6-8 所示。

$$W_1 = (0.2, 0.15, 0.1, 0.2, 0.35)^{\mathrm{T}} \tag{6-12}$$

$$W_2 = (0.25, 0.15, 0.1, 0.25, 0.25)^{\mathrm{T}} \tag{6-13}$$

$$W_3 = (0.2, 0.2, 0.2, 0.2, 0.2)^{\mathrm{T}} \tag{6-14}$$

表 6-8 不同权重取值下三种管道布置灰色关联度 ξ 对比

管道布置编号	W_1	W_2	W_3
(a)	0.688	0.711	0.750
(b)	0.811	0.858	0.875
(c)	0.905	0.884	0.903

2. 结果讨论

1) 能耗及成本对比

从表 6-6 中三种支管布置方式的能耗 E_p、年费用 C_A 和总费用 C_{total} 对比可以看到，采用 "一" 字形布置 (a) 三项指标均为最高；两条支管布置 (b) 能耗比组合式双支管布置 (c) 低，年费用二者差别不大，但总费用组合式双支管布置最低。

对管道沿程压力分布进行分析。图 6-13 中，三种布置方式下管道沿程喷头及管道工作压力和流量都是均匀变化。布置 (a) 管道首末喷头工作压力差最大，布置 (b) 最小，布置 (c) 首末喷头工作压力差居中，但平均工作压力最接近额定压力。

2) 喷灌均匀性及操作时间

喷灌机组的组合喷灌均匀性与管道沿程喷头工作压力变化是否平缓有关，也与平均工作压力大小有关。表 6-7 显示布置 (c) 机组喷灌均匀系数 CU 最大。操作时间布置 (c) 最低，布置 (b) 次之，布置 (a) 最高。这是由于布置 (c) 虽然管道连接件增多，但是由于采用组合四通，并且每个喷头只有单侧与管道相连，每次安装时系统需要连接的部件减少。布置 (b) 和 (c) 相比布置 (a) 系统中喷头布置更加集中，利于机组部件分配和作业，因而操作时间降低。

3) 总体评价

灰色关联法能有效地计算出不同权重设置下三种布置方式的优劣，如表 6-8 所示。总体上，采用组合式双支管 (c) 机组性能最优，灰色关联度 ξ 为 0.84 左右；采用 "一" 字形布置 (b) 时机组性能最低，灰色关联度 ξ 为 0.8 左右，且受权重设置影响较大，在 0.69~0.9 之间；采用两条支管布置 (b) 时机组性能居中，为 0.82 左右。因此，可以肯定，只考虑能耗、年费用、总费用、喷灌均匀性和操作时间等五个指标时，组合式双支管 (c) 在三种布置方式中是最优的。并且该布置方式固定、移动、面积拓展及储存等方面比较方便灵活，在解决好配套性能、密封性能、耐磨性能和系列化问题的情况下，将具有较大的推广空间和实用价值。

6.4　机组规模拓展

以一台机组为例，对多种管道布置和组合方式进行对比分析，旨在探索采用新建立的低能耗多功能轻小型移动式喷灌机组根据实际需要拓展灌溉面积的可能性，为机组的理论分析及应用提供一定的参考。

6.4.1　项目区概况

轻小型移动式喷灌机组在山东省应用较广，故选择一项目区，拟定该项目区位于山东济南。对不同的管道布置形式进行计算对比。灌溉面积 150 亩 (10hm^2)，条田长宽为 360m×280m，水源位于地块一侧。根据作物耕作情况，管道采用梳齿形布置。该地多年平均降雨量为 642mm，降雨集中在 6~8 月份[187]。种植小麦、玉米为主，计划湿润土层深度为 60mm。小麦抽穗至灌浆期日需水量最大，为 5.3mm/d，玉米抽穗期日需水量最大，为 4.78mm/d，故将作物最大需水强度取为 5mm/d[188]。田间以褐土为主，土壤容重为 1.24g/cm^3，灌溉目标为田间持水率 25%，凋萎系数取 45%。设适宜土壤含水率上下限分别为田间持水率的 85% 和 70%，经计算灌水定额为 28mm，灌水周期 6d。鲁中、鲁南、胶东等地区冬小麦孕穗抽穗期丰水年、平水年的灌水定额一般为 25mm，中旱年、特旱年为 30mm，故灌水定额取 28mm 比较合理[188]。

6.4.2　机组选择及管道布置

1. 机组选择

选择表 2-1 中的机组 PC55-8.8，配置 14×20PY，构成低能耗多功能轻小型喷灌机组。20PY 喷头工作压力为 0.4MPa，实测流量 3.18m^3/h。如采用全移动方式时，灌溉 150 亩时机组需移动 18 次，一个灌溉周期 T=6 天内刚好能够灌完。

2. 管道布置

管道布置方式基本为梳齿形。在此基础上，对低能耗多功能轻小型喷灌机组采用 (a)"一" 字形布置及 (b) 组合式双支管分别实现管网固定、半固定、全移动等三种方式时的各项参数进行计算。管道布置方式如图 2-14 和图 2-16 所示。图 2-12(b) 所示采用 "丰" 字形布置时，"一" 字形与固定式的组合也作为管道布置方式的参考之一。

"丰" 字形布置条件下，"一" 字形布置及组合式双支管实现管道面积拓展时二者的区别不再逐一分析，如需对比，计算方法与梳齿形布置类似。

为实现面积为 150 亩 (10hm^2) 的地块的灌溉，采用的总共 8 种管道布置方式如下所示：

1) 一字形–固定 (梳齿形)

水泵布置在干管中间。主干管长 4m，分干管长 340m，支管 18 条，长 280m。每次轮灌时开启一条支管工作，一天灌三次，6d 能完成一次轮灌，灌水周期为 6d 刚好能满足，如图 2-14(a) 所示。

2) 一字形–半固定

水泵布置在干管中间。灌溉制度同固定式系统，如图 2-14(b) 所示。

3) 一字形–全移动

只采用一级管道，如图 2-14(c) 所示。

4) 一字形–固定 ("丰" 字形)

采用两级管道，水泵布置在支管中间。灌溉制度同固定式系统梳齿形布置，如图 2-12(b) 所示。

5) 组合式双支管–固定

水泵布置在主干管中间。主干管长 144m，分干管 2 条，每条长 320m，两条间隔 140 米。支管 9 条，长 280m，毛管 252 条，每条长 10m。一条支管上连接 28 条毛管及对应的喷头。支管首端及中间分别设一阀门，一个阀门控制组合式双支管系统中的 14 个喷头。每次轮灌时开启一个阀门，由支管上一半的喷头共同工作，一天灌三次，6d 能完成一次轮灌，灌水周期为 6d 刚好能满足，如图 2-16(a) 所示。

6) 组合式双支管–半固定①

水泵布置在主干管中间。水泵及主干管、分干管、支管固定，毛管及喷头移动。如图 2-16(c) 所示。

7) 组合式双支管–半固定②

水泵布置在主干管中间。水泵及主干管、分干管固定，支管、毛管及喷头移动。如图 2-16(d) 所示。

8) 组合式双支管–全移动

采用两级管道，每轮灌一次整个机组一起移动，如图 2-16(b) 所示。

6.4.3 性能计算及评价

采用单位能耗、年费用、总费用、操作时间四个指标对机组 PC55-8.8 进行评价分析。8 种布置方式下机组性能见表 6-9。不同布置下喷灌均匀性的差别主要取决于支管布置方式和管道沿程压力，"一" 字形与组合式双支管布置时喷灌均匀性的对比与表 6-7 类似，不再进行分析。表 6-9 中，操作时间的单位为小时/年 (h/a)。

采用灰色关联法对表 6-9 中 8 种管道布置方式进行综合评价，指标权重设置参考公式 (6-12)～式 (6-14)，除喷灌均匀性不作考核以外，其他指标按比例分配，得权重公式 (6-15)～式 (6-18)。当劳动力非常有限，经济条件优越的地区，可以选

择权重 W_4，如式 (6-18) 所示。

$$W_1 = (0.25, 0.1875, 0.125, 0.4375)^{\mathrm{T}} \tag{6-15}$$

$$W_2 = (0.333, 0.2, 0.133, 0.333)^{\mathrm{T}} \tag{6-16}$$

$$W_3 = (0.25, 0.25, 0.25, 0.25)^{\mathrm{T}} \tag{6-17}$$

$$W_4 = (0.2, 0.1, 0.1, 0.6)^{\mathrm{T}} \tag{6-18}$$

表 6-9　8 种管道布置下机组 PC55-8.8 性能对比

管道布置编号	$E_{\mathrm{p}}/(\mathrm{kW \cdot h}/(\mathrm{mm \cdot hm}^2))$	$C_{\mathrm{A}}/(元/(\mathrm{a \cdot hm}^2))$	$C_{\mathrm{total}}/(元/\mathrm{hm}^2)$	$T_{\mathrm{p,all}}/(\mathrm{h/a})$
1	5.810	3264	18808	34.3±2.8
2	5.828	522.7	4841.2	129.7±11.4
3	5.349	440.7	4122.1	147.3±12.5
4	5.932	3045.2	17369.7	27.8±2.2
5	6.078	3153.7	18283.5	27.5±2.0
6	6.084	520.7	4856.9	96.9±7.7
7	6.065	958.4	8446.4	75.0±6.3
8	5.298	464.4	4040.4	114.4±8.9

四种权重设置下得到的 8 种管道布置的灰色关联度 ξ 对比见图 6-6。

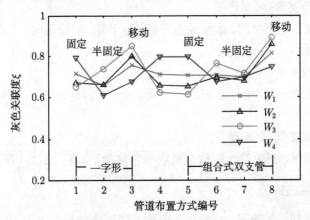

图 6-6　不同权重下 8 种管道布置的灰色关联度对比

从表 6-9 和图 6-6 可以看到：

(1) "一" 字形 (a) 和组合式双支管 (b) 对比。总体上，采用固定、半固定、移动三种移动方式下，"一" 字形比组合式双支管的灰色关联度略低，但差别不大，在 5% 以内。组合式双支管布置时，机组操作时间明显更低。当管道均为固定或全移动时，组合式双支管的年费用和总费用比 "一" 字形布置稍低一些。当管道为半固定时, 两种布置性能相当, 布置 (a) 的单位能耗比布置 (b) 低 4.2%, 这是因为对于大面积灌溉时 "一" 字形布置管网相对简单。

(2) 固定、半固定、移动对比。固定布置优势在于操作时间少, 移动布置机组年费用和总费用更低, 半固定式居于二者之间。图 6-6 显示, 固定与移动布置时的灰色关联度 ξ 普遍高于半固定式。这可能在一定程度上能够解释 20 世纪 80 年代我国半固定管道喷灌系统推广一段时间后, 又逐渐萎缩的现象。固定和移动式二者孰优孰劣则取决于实际需要及决策者的偏好, 也就是权重设置情况。W_1、W_2、W_3 三种权重设置下, 均是移动式布置灰色关联度最高, 这可能也是目前国情下我国轻小型喷灌机组使用较为广泛的原因所在。

图 6-6 中, 所有 8 种管道布置方式的灰色关联度 ξ 取值在 0.6~0.9 之间。上述研究是在一定假设的基础上进行, 部分计算资料还不够全面, 实际应用中管道布置方式的选择还需要考虑水源、作物、喷灌均匀性及控制需要等情况综合决定。

6.5 本章小结

(1) 单目标多种喷头配置对比。对机组 PC45-4.4 的计算结果表明, 采用单位能耗、年费和总费用分别进行评价得到的最佳喷头组合方式有所不同。单位能耗及机组年费用能反映短期效益, 总费用更能反映长期灌溉效益。考虑近期效益时, 选用配置 12×15PY 或 1×40PY 时比较合适, 长期使用选用 7×20PY 系统总投资最低。能耗费或运行费占年费用或机组总费用的主要部分, 因此采用中低压喷头以及机组的优化配置对降低系统能耗具有重要意义。

(2) 机组多目标配置优化。以机组 PC45-4.4 配置 15PY 喷头, 布置间距采用 15m×15m 为例, 选用不同权重设置对机组进行多目标优化。结果表明线性加权和法多目标优化方法是可行的。通过不同的权重设置, 多目标优化可以计算得到比单目标优化更低的单位能耗值。喷头数和间距一致时, 操作时间 $T_{p,sum}$ 基本固定; 年造价 C_F 的变化也很小, 管径的变化会引起年造价细微的变化。机组配置的变化 (主要是管径的变化) 对单位能耗 E_p 的影响最大, 其次是喷灌均匀性 CU_{sys}(系统灌溉均匀性或全局灌溉均匀性)。说明了喷灌机组配置优化的同时, 机组能耗及均匀性影响因素理论及试验研究的必要性。

(3) 不同支管布置方式对比。以机组 PC45-4.4 配置 15PY 喷头为例, 采用单位能耗、年费用、总费用、喷灌均匀系数、操作时间五项性能指标, 采用灰色关联法分析, 对比 (a) "一" 字形、(b) 两条支管、(c) 组合式双支管三种支管布置方式的异同。结果表明, 采用 "一" 字形布置 (a) 单位能耗、年费用、总费用三项指标均为最高, 两条支管布置 (b) 能耗最低, 总费用组合式双支管布置 (c) 最低。布置 (a) 管道首末喷头工作压力差最大, 布置 (c) 首末喷头工作压力差居中, 但平均工作压力最接近额定压力。布置 (c) 机组喷灌均匀系数 CU 最大。操作时间布置 (c) 最低。总体上，采用组合式双支管 (c) 机组性能最优，灰色关联度 ξ 为 0.84 左右，"一"字形布置 (b) 时机组性能最低，两条支管布置 (b) 时机组性能居中。

(4) 机组规模拓展。以机组 PC55-8.8 配置 14×20PY，灌溉 150 亩为例，项目区位于山东济南，采用单位能耗、年费用、总费用、操作时间四个指标分别对 8 种管道布置方式进行优化评价，支管布置仅考虑 "一" 字形和组合式双支管。总体上，采用固定、半固定、移动三种移动方式下，组合式双支管比 "一" 字形的灰色关联度高 5% 左右。组合式双支管布置时，机组操作时间明显更低。当管道均为固定或全移动时，组合式双支管的年费用和总费用比 "一" 字形布置稍低一些。当管道为半固定时，两种布置性能相当。固定布置优势在于操作时间少，移动布置机组年费用和总费用更低，半固定式居于二者之间。所有 8 种管道布置方式的灰色关联度 ξ 取值在 0.6~0.9 之间。

第7章　轻小型移动式喷灌机组田间试验研究

低能耗多功能轻小型移动式喷灌机组实际应用中是置于田间地面对作物进行灌溉。一方面水源的远近、水位的高低会影响到水泵供水到喷头处的压力有多大，地块的形状和坡度会影响到管道的布置从而影响水力损失的大小，这些都会间接影响到机组能耗的高低。另一方面，管道布置形状、田间风向风速及管道沿程压力变化对喷灌均匀性影响较大。上述田间实际因素的存在会使得喷灌机组的实际运行组态与机组优化、评价的理论结果存在一定的差异，因而需结合实际情况，对前面机组单目标、多目标配置优化及管道水力计算的结果进行试验验证。

机组单位能耗、成本、喷灌均匀性、操作时间四项指标是本书机组优化和综合评价的基础。表 6-5 机组 PC45-4.4 的多目标优化结果表明，机组的单位能耗、喷灌均匀性对机组的配置情况比较敏感。因而本章喷灌机组田间试验的主要目的是测量机组的能耗及均匀性。

轻小型移动式喷灌机组综合评价模型中，如图 4-2 所示，10 个评价指标彼此关联。实测喷灌强度 ρ_s 会影响到灌水时间 T 和灌水效率 AE 的大小，这三项指标在喷灌均匀性测量中即可测得；雾化指标 ρ_d 与喷头工作压力有关，在机组能耗测试中可以得到；可靠性和储存方便性两项指标可以通过机组不同喷头配置时的能耗、均匀性试验过程综合考虑确定。因此，对轻小型喷灌机组能耗及均匀性、管道沿程压力分布进行测试，就能反映机组运行状态及性能组态的基本面貌，为低能耗多功能轻小型喷灌机组试验条件下的优化配置提供参考。

7.1　试　验　材　料

7.1.1　研究对象

1) 机组 PC45-4.4

选择表 2-1 中江苏旺达喷灌机有限公司生产的轻小型喷灌机组 PC45-4.4 作为研究对象，配套水泵为 50BP-45。机组分别配置 15PY 和 20PY 喷头。此时，喷头间距分别采用 $a=15\text{m}$、$a=20\text{m}$。管道采用涂塑软管，呈"一"字形布置。

2) 喷头

由表 6-4 可知，机组 PC45-4.4 的最优配置为 12×15PY 或 7×20PY。因此，选择相应数量的喷头用于机组配置田间试验中，所有喷头由江苏旺达喷灌机有限公司提供,喷头实物图如图 6-1 所示。对所有喷头进行机组配置额定工作压力下的室内运转试验。并从中选择 5 个 15PY 喷头、3 个 20PY 喷头测量不同工作压力下的流量、射程及单喷头水量分布等水力性能参数。机组配置时额定工作压力下喷头 15PY、20PY 的流量和射程等参数如表 7-1 所示。

表 7-1　备选喷头水力性能

喷头型号	喷头工作压力 p/MPa	流量 q/(m³/h)	射程 R/m
15PY	0.30	2.217	15.2
15PY	0.35	2.571	16.0
20PY	0.35	2.940	18.7
20PY	0.40	3.156	19.4

7.1.2　试验场地

1) 试验布置

喷灌机组室内单喷头试验在江苏大学喷灌实验室进行。实验室直径 44m、高 10m,可以满足 15PY、20PY 喷头的全圆喷洒测试要求。

室外试验场地为江苏大学校园内某地块,北纬 32°12′,东经 119°27′。可供测试的地块长 180m,宽 50m,地形坡度在 1% 以内。水源为一池塘,水泵进水管进口距水泵出口及主测试区的高程为 2.0m。机组能耗田间试验布置图如图 7-1 所示。不同配置方案下管道的布置如图 7-2 所示。测试区雨量筒采用方格形布置,布置间距为 2m×2m。

2) 试验时间

试验时间为 2013 年 7 月和 2013 年 10 月。

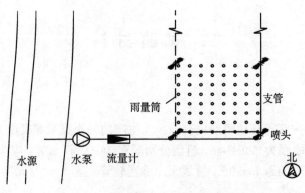

图 7-1　喷灌机组能耗田间试验布置图

(a) 喷头间距变化　　　　　　　　　　　　　(b) 支管间距变化

(c) 矩形布置　　　　　　　　　　　　　(d) 三角形布置

图 7-2　喷灌均匀性影响因素试验不同布置方案

7.1.3　试验设备

　　喷灌机组能耗及均匀性田间试验过程中用到的主要试验设备有压力表、电磁流量计、转速表、风向风速仪、小型气象站、便携式田间喷灌雨量筒等。

　　由于试验条件及场地限制，且为了与理论计算结果进行对比，机组能耗测试时不是直接测量柴油机的燃油消耗率，而是通过式 (3-3) 所示的方法来表征。公式中水泵的扬程通过试验测得。

　　轻小型喷灌机组田间试验参考标准为：①《喷灌工程技术规范》(GB/T 50085—2007)；②《农业灌溉设备旋转式喷头》(GB/T 19795.2—2005)；③《轻小型喷灌机》(GB/T 25406—2010)。

7.2　机组配置优化及能耗试验研究

7.2.1　试验目的

　　对于每一台轻小型喷灌机组，不同应用场合时可以配置不同型号的喷头。虽然不同指标下机组多喷头配置的理论计算结果能为机组的优化配置提供一定的参考，但实际应用中对于特定的机组哪种配置方式最佳，还需要参考试验结果综合决定。

机组能耗是反映机组性能的重要指标之一。表 3-3 机组能耗的影响因素分析中单位能耗计算结果准确度如何，都需要通过田间试验来加以验证。因此本节机组配置优化及能耗试验研究的目的及内容在于：①考察机组配置不同型号喷头时的最优配置；②考察不同配置下的机组能耗，以及管道沿程压力分布对组合喷灌均匀性的影响；③机组能耗影响因素研究，以及管道水力计算方法验证。

7.2.2　试验方案

对喷灌机组分别配置 15PY、20PY 喷头时的机组运行工况进行测量，并对机组能耗影响因素进行试验研究。每组试验持续 1h，测量的参数包括气候参数、水泵转速和流量、管道沿程各喷头工作压力，均匀地测量三组数据，取平均值作为最后结果。

具体试验方案如下：

1) 配置 15PY 喷头

考察配置喷头数 n=9、10、11、12 时，机组运行状态及单位能耗情况。

根据上述结果，选择 n=8 和 n=10 时，考察管道首、末的喷灌水量分布，从而分析得到管道沿程压力分布对均匀性的影响。

2) 配置 20PY 喷头

考察配置喷头数 n=4、6、7 时，机组运行状态及单位能耗情况；考察配置喷头数 n=6、7 时，管道首、末的喷灌水量分布。

3) 机组能耗影响因素研究

以机组配置 15PY 喷头为例，对能耗影响因素进行试验研究。表 3-3 中机组能耗影响因素理论分析包含了 27 组方案。喷头间距 a、管径 D、喷头数 n 和喷头工作压力 h_p 四个因素中，当管径和喷头间距变化时，所有管段需要更换，重新连接，因而管材用量和试验工作量非常大。根据实际情况，试验中仅对表 3-3 中几组典型布置进行验证，方案如表 7-2 所示。

表 7-2　机组能耗影响因素研究试验方案

试验编号	喷头间距 a/m	管径 D/mm	喷头数 n/个	喷头工作压力 p_{min}/MPa
1	12	50	9	0.25
2	12	65	9	0.3
3	12	65	10	0.35
4	12	65	11	0.25
5	15	65	9	0.35
6	15	65	10	0.3
7	15	65	11	0.3
8	15	65	12	0.2
9	15	80	9	0.25

表 7-2 的试验与 15PY 喷头配置试验结合进行,管道首端不设阀门,因而在不同布置下得到的喷头实际工作压力会与表中有所差异,但不影响机组能耗影响因素的试验分析。

7.2.3　测量结果与分析

1. 管道沿程压力分布

机组 PC45-4.4 分别配置 15PY、20PY 喷头,管道采用 $D=65\text{mm}$,对应喷头间距分别为 $a=15\text{m}$ 和 $a=20\text{m}$ 时,柴油机油门全开,当喷头数发生变化时,管道沿程工作压力分布如图 7-3 所示。图中 7 组配置方案下柴油机转速和水泵流量如表 7-3 所示。

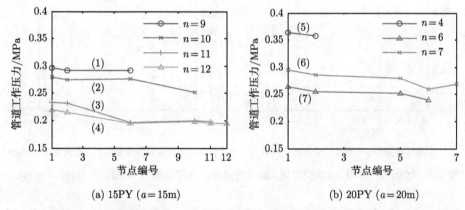

(a) 15PY ($a=15\text{m}$)　　　　　　(b) 20PY ($a=20\text{m}$)

图 7-3　机组配置 15PY、20PY 时不同喷头数下管道沿程工作压力分布

表 7-3　机组配置 15PY、20PY 时不同喷头数下水泵转速和流量

机组参数	试验 (1)	试验 (2)	试验 (3)	试验 (4)	试验 (5)	试验 (6)	试验 (7)
水泵转速 n_b/(r/min)	2581	2561	2347	2347	2621	1954	2545
水泵流量 Q/(m³/h)	—	—	—	—	11.96	14.03	15.1

注: 当机组配置 15PY 喷头时部分试验方案下电磁流量计出现故障未能工作。表 7-3 中试验 (1)～试验 (7) 与图 7-3 中机组配置方案编号对应。

2. 管道首末喷灌均匀性

当机组采用 10×15PY 配置时,管道首末喷灌均匀性测试区域为 1# 与 2# 喷头之间 (区域 A),7# 与 8# 喷头之间 (区域 B)。试验中各喷头工作压力非常稳定,测量 3 次的误差均在 2% 以内。水泵转速、流量、喷头工作压力平均值在表 7-4 中。区域 A 与区域 B 的水量分布如图 7-4 和图 7-5 所示。图 7-4(b) 和图 7-5(b) 分别为当前工作位置与下一工作位置组合喷洒后区域 A 和区域 B 的水量分布,喷灌均匀系数 CU 在此基础上计算得到。图中 1#、2#为当前工作位置上的喷头编号，1′#、2′#为下一工作位置上的喷头编号。为了区域 A 和区域 B 水量分布对比方便，可以将区域 B 组合喷洒的喷头沿管道方向统一采用编号 1#、2#。

表 7-4　机组配置 10×15PY 时的管道沿程压力分布

项目	水泵转速 n_b/(r/min)	水泵流量 Q/(m³/h)	管道沿程各点压力/MPa			
			1#	2#	7#	8#
测量值	2300	18.32	0.274	0.265	0.255	0.251

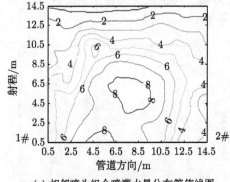 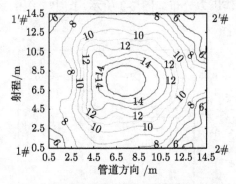

(a) 相邻喷头组合喷灌水量分布等值线图　　　(b) 四个喷头组合喷灌水量分布等值线图($b=15$m)

图 7-4　区域 A(1#与 2#喷头之间) 组合的水量分布三维图与等值线图 (运转 30min)

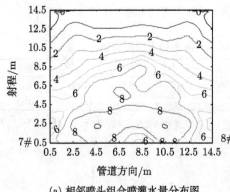 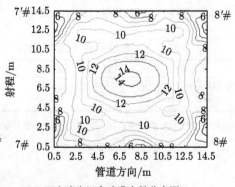

(a) 相邻喷头组合喷灌水量分布图　　　　　(b) 四个喷头组合喷灌水量分布图($b=15$m)

图 7-5　区域 B(7#与 8#喷头之间) 组合的水量分布三维图与等值线图

　　表 7-5 给出了四种配置下管道首末水量分布测试区域组合喷灌强度和均匀性的值。配置 2 和配置 1 的测试区 A、B 设置方式相同。配置 3 测试区为 1#、2#喷头之间和 6#、7#喷头之间。配置 4 的测试区为 1#、2#喷头之间和 5#、6#喷头

之间。表中风向用与北向的夹角 θ 表示，例如南风角度为 0°，西风为 90°。风速用 v 表示，T_{air} 为空气温度，同时测量的其他气候参数还有空气相对湿度、露点温度、湿球温度，不依次列出。上述试验四种方案的测试时间为 2013 年 10 月初，测试期间下空气相对湿度在 35.5%～52.8% 之间，满足标准《轻小型喷灌机》(GB/T 25406—2010) 要求相对湿度低于 80% 的规定。风速低于 2.0m/s，试验结果具有一定的可靠性。下面对组合喷灌均匀性影响因素进行分析。

表 7-5　不同配置下管道首末均匀性对比

配置编号	配置方式	温度 T_{air}/°C	风速 v/(m/s)	风向 θ/(°)	测试区	喷头工作压力 p/MPa		喷灌强度 ρ_s/(mm/h)	CU/%
						1#	2#		
1	10×15PY	27.6	0.9	183	A	0.274	0.265	9.14	74.5
					B	0.255	0.251	8.97	79.8
2	8×15PY	25.5	0.45	174	A	0.312	0.305	11.66	77.3
					B	0.296	0.289	10.33	78.9
3	7×20PY	28.9	1.58	196	A	0.296	0.286	9.60	72.3
					B	0.260	0.269	8.64	70.1
4	6×20PY	23.7	0.8	194	A	0.265	0.256	8.09	74.9
					B	0.252	0.24	8.43	78.6

表 7-5 中，从配置 1、配置 2 和配置 4 管道首末区域 A 和区域 B 的均匀性的对比可以发现，区域 B 的均匀性比区域 A 均匀性高，且高于图 3-11 的理论计算值。联系图 7-3 的管道沿程压力分布情况，说明对于同一系统喷头工作压力相近的情况下，组合喷洒相邻喷头间工作压力差对均匀性起主导作用，且一定试验条件下，组合喷灌均匀性需通过试验测量才更具参考价值。配置 1 与配置 2 的对比发现，对于试验中所选的 15PY 喷头，当喷头工作压力增大，组合喷灌均匀性也普遍增大，如表 7-5 所示。该结论与以室内单喷头试验为基础的喷头工作压力影响理论研究相符。配置 3 组合喷灌均匀性较低一方面与组合喷洒喷头间工作压力差较大有关，也与表 3-7、图 3-13 所示 20PY 喷头在工作压力为 0.3MPa 单喷头水量分布较差有关。表 7-5 中喷头工作压力处于 15PY、20PY 喷头工作压力范围的较低值，这与动力机泵运行状态及试验条件有一定关联。

3. 能耗影响因素分析试验

按表 7-2 的试验方案对机组能耗的影响因素进行试验研究，得到的 9 组方案下喷头工作压力和单位能耗与试验得到的管道首末工作压力、单位能耗对比如表 7-6 所示。表中理论下喷头工作压力及单位能耗都是根据喷头间距、管径、喷头数等条件通过遗传算法计算得到，与表 3-3 会有一定差别。试验时机组单位能耗则是通过将测试转速下的水泵扬程换算到额定转速下，再通过式 (3-3) 来计算。水泵吸入口与试验场地高程差为 2m，由于池塘中有一定的藻类及淤泥，水泵进口到

1#喷头之间水力损失较大，根据经验取为 5m，因而式 (5-2) 中 h_b=7m。

表 7-6　能耗影响因素理论分析与试验结果对比

配置参数	方案编号	喷头数 n/个	理论值		试验值					ΔE_p/%
			p_{min}/MPa	E_p/(kW·h/(mm·hm²))	水泵转速 n_b/(r/min)	p_{max}/MPa	p_{min}/MPa	η_b/%	E_p/(kW·h/(mm·hm²))	
a=12m, D=50mm	1	9	0.326	5.757	2559	0.336	0.329	55.8	5.682	−1.3
a=12m, D=65mm	2	9	0.33	5.090	2335	0.265	0.254	55.1	5.703	12.1
	3	10	0.329	5.387	2339	0.256	0.239	54.1	5.641	4.71
	4	11	0.309	5.519	2377	0.261	0.222	53.5	5.601	1.49
a=15m, D=65mm	5	9	0.33	5.157	2582	0.297	0.289	51.7	5.450	5.68
	6	10	0.329	5.499	2561	0.28	0.252	50.6	5.398	−1.84
	7	11	0.304	5.534	2347	0.233	0.198	51.3	5.491	−0.77
	8	12	0.272	5.411	2347	0.22	0.196	49.8	5.414	0.05
a=18m, D=80mm	9	9	0.33	4.931	2650	0.355	0.352	55.1	5.618	13.9

上表可以看到，试验测得的机组单位能耗值与理论计算值平均偏差率为 3.78%。9 组方案下单位能耗理论计算值为 5.365±0.413 kW·h/(mm·hm²)，试验值为 5.555±0.145kW·h/(mm·hm²)。上述结果表明，单位能耗理论计算方法是可信的，因而表 3-3 中能耗影响因素正交设计分析结果也具有很强的参考价值。虽然田间试验中存在一些不定因素影响测试结果的精度，但 9 组方案的对比结果能在一定程度上反映各因素对能耗的影响规律。表 7-6 显示的试验条件下机组最优配置为配置 6，a=15m、D=65mm、n=10、p_{min}=0.252MPa。

1) 喷头间距的影响

当管径为 D = 65mm，喷头间距 a 由 12m 增加到 15m 时，喷头数为 n = 9、10、11 三种配置下，机组能耗的理论值普遍增大，而试验值则普遍减小，与图 3-3 大量计算结果总结的规律相符。上述三组方案理论值与计算值的差别可能是由于喷头间距对能耗的影响体现在与其他因素的交互作用所致。

2) 喷头数的影响

当喷头间距 a=12m、管径 D=65mm 时，机组能耗理论值 E_p 随着喷头数增多而增大，而试验值是随着喷头数增多而减小。这可能是由于理论计算中对喷头数增多带来的水力损失估计过大，试验中则因为喷头数增多导致喷头工作压力整体下降，低于设计值而使得单位能耗变低。当喷头间距 a=15m、管径 D=65mm 时，机组能耗理论值 E_p 随着喷头数增多而先增大后减小，而试验值是随着喷头数增多而先减小，后增大、再减小，与图 3-3 更加接近。但试验值变化幅度很小。上述结果说明喷头数对能耗的影响也是多方面的。

3) 管径的影响

将方案 1 和方案 2、方案 5 和方案 9 分别进行对比，当管径由 $D=50\text{mm}$ 变化到 $D=65\text{mm}$，由 $D=65\text{mm}$ 变化到 $D=80\text{mm}$ 时，机组单位能耗理论值都是逐步减小的，试验值两种情况下都略有增大，增大值分别为 0.3% 和 3%。这可能是因为理论计算时，管径增大，水力损失减小，后退法计算得到的水泵扬程降低，因而能耗降低；试验中随着管径的增大，由于水力损失减小，水泵在一定条件下提供给喷头的压力增大，因而能耗整体水平也提高。理论计算方法是求解喷灌机组运行状态及能耗情况的一种方式，是基于一定的假设，而喷灌机组实际运行时水泵–管路–喷头之间的相互作用和协同运行特点体现得比较明显。从这个意义上讲，对轻小型喷灌机组采用前进法进行水力计算和采用前进法与后退法多次试算耦合来确定多级管网的水力状态是非常必要的。

4) 工作压力的影响

将方案 2、方案 3 和方案 4 进行对比，当喷头数逐渐增多，喷头工作压力减小，机组单位能耗理论值逐渐增大，而试验值逐渐减小。单就喷头工作压力与机组能耗的关系来看，试验结果与图 3-3 符合得更好。由于表 7-6 所有方案中当喷头工作压力变化时，其他三个变量均在变化，且受水泵转速的影响，不利于工作压力对能耗的影响分析。故补充方案 10 和方案 11 两组试验，并将水泵转速、扬程、效率、单位能耗等参数换算到额定工况 ($n_b = 2600\text{r/min}$) 下进行对比，如表 7-7 所示，方案编号方式续表 7-6。

表 7-7   喷头工作压力对机组能耗的影响 ($a=15\text{m}$, $D=80\text{mm}$)

方案编号	喷头数 n/个	试验工况				额定工况			
		水泵转速 n_b/(r/min)	p_{max} /MPa	p_{min} /MPa	扬程 H/m	水泵转速 n_b/(r/min)	扬程 H/m	η_b/%	E_p/(kW·h/ (mm·hm²))
9	9	2650	0.355	0.352	42.5	2600	40.9	55.1	5.618
10	9	2415	0.31	0.298	38	2600	44.0	57.5	5.825
11	9	2225	0.265	0.25	33.5	2600	45.7	58.6	5.976

当喷头间距、管径、喷头数不变，水泵转速固定时，水泵扬程则直接由喷头工作压力决定，因此喷头工作压力变化对单位能耗的影响即体现为额定工况下水泵扬程对能耗的影响。表 7-6 中，试验工况换算到额定工况时，随着水泵扬程的升高，机组单位能耗增大，因此喷头工作压力与机组能耗也是呈正相关关系，与图 3-3 的结果相符。

综合上述试验结果可以得到，在有限的试验方案内，机组试验结果更能反映各配置参数变化对机组能耗的影响，且能很好地反映喷灌机组各组成部分相互作用的特点；理论计算需要在方案足够多且设计合理的情况下才能较为准确地反映能耗受各因素作用的规律,理论计算结果也能为试验提供科学的指导和有效的参考。喷灌机组中喷头间距、管径、喷头数、喷头工作压力等配置和运行参数对能耗的影响规律较为复杂,存在相互作用,实际应用中需根据实际情况合理配置,并参考机组的喷灌均匀性综合选择。

4. 管道水力计算方法验证

以机组 PC45-4.4 配置 15PY 喷头,喷头间距采用 $a=15$m 为例,对比了前进法与后退法进行管道水力计算及优化时的差别。两种方法计算得到的机组最优配置均为 12×15PY,管径 $D=65$mm,与表 7-6 中第 8 组试验相符,该配置下管道沿程压力分布如图 7-4(a) 所示,水泵转速 $n_b=2347$r/min。将该工况按表 7-6 的方法转换到额定转速 $n_b=2600$r/min 下,得到水泵扬程之后,再推算管道沿程喷头工作压力分布,并与图 5-2(a) 前进法和后退法的理论计算结果进行比较,对比情况如图7-6 所示。

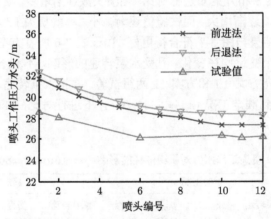

图 7-6　管道沿程喷头工作压力分布前进法、后退法与试验结果对比

从图 7-6 可以看到,试验得到的管道沿程喷头工作压力分布趋势与理论计算方法基本相符,管道首端管长的前半段压力变化较大,后半段趋于平缓,这可能也是部分学者采用二分法进行管道水力计算的理论和实践基础。试验得到的管道首端喷头工作压力 h_{p1} 与前进法偏差 9.81%,与后退法得到的结果偏差为 11.76%;管道末端喷头工作压力 h_{pn} 与前进法偏差 4.07%,与后退法的计算结果偏差 7.46%。因而对这组试验来讲前进法得出的管道沿程喷头工作压力分布情况与试验结果更加接近。而且,前进法得到的第 8#喷头倒第 9#喷头之间工作压力变化增大,而试验中第 10#和 11#喷头之间工作压力下降率增大。试验结果中存在一定的偶然因素,但总体上管道沿程喷头工作压力分布试验结果不是十分平坦,与后退法的计算结果有一定差异,与前进法描绘的规律更加接近。

7.3 喷灌均匀性影响因素研究

均匀性是考察低能耗多功能轻小型移动式喷灌机组喷灌质量的综合指标。由于轻小型喷灌机组与微灌系统相比孔口数较少，系统均匀性主要由各喷头之间的组合喷灌均匀性决定。因此需对组合喷灌均匀性进行细致分析，故该节喷灌均匀性影响因素研究只考虑一个喷灌单元 (即组合喷洒的四个喷头围成的公共区域) 内的组合喷灌均匀性。影响因素包括：

(1) 喷头工作压力变化。含相邻喷头工作压力差及坡度的影响。

(2) 管道布置形状。采用矩形和三角形两种布置方式。

(3) 布置间距。即喷头间距 a(m) 和支管间距 b_m(m)。

上述试验研究目的在于考察喷灌均匀性的影响因素，比较不同配置方案的抗风性能，从而为轻小型喷灌机组的合理配置提供有效参考。本节内容的研究中采用的喷头均为 15PY 喷头。

7.3.1 喷头工作压力的影响

本节主要采用通过试验分析各组合喷洒喷头工作压力变化或工作压力差的存在对均匀性的影响。与理论计算结果进行对比。

参考表 3-7，并结合实际情况制定如表 7-8 所示试验方案。管道布置如图 3-11 和图 7-6 所示。喷头间距和支管间距均为 15m。表 7-8 中，1#~4#喷头为组合喷洒喷头。CU$_1$ 为组合喷洒区域测得的组合喷灌均匀性，CU$_2$ 为单喷头测试结果按 a=15m 方形布置换算得到的组合喷灌均匀性。方案 "0" 为组合喷洒喷头阀门全开，喷头压力变化只由管道沿程压力坡降决定的情况，作为对照组。

表 7-8 组合喷头工作压力变化对喷灌均匀性的影响

| 试验编号 | 温度 T_{air}/°C | 风速 v/(m/s) | 风向 θ/(°) | 喷头工作压力 p/MPa | | | | CU$_1$/% | CU$_2$/% |
				1#	2#	3#	4#		
0	27.8	1.83	220	0.249	0.25	0.235	0.239	79.3	71.6
1	30.3	1.87	234	0.305	0.31	0.291	0.292	76.7	78.2
2	28.7	1.43	254	0.253	0.263	0.25	0.235	71.4	73.9
3	27.6	0.43	167	0.262	0.262	0.25	0.246	70.6	74.7
4	27.2	1.43	243	0.261	0.265	0.251	0.25	74.4	73.3
5	27.2	0.43	101	0.26	0.257	0.24	0.25	78.0	74.5

表 7-8 中，风速均在 2.0m/s 以下，风向风速基本稳定，温度差异很小，试验结果可以用于组合喷头工作压力变化对均匀性影响的对比分析。6 组方案下组合喷洒水量分布等值线图对比如图 7-7 所示。图 7-7(a) 中，"N" 表示北向。

表 7-8 显示，田间试验中因受风向风速的影响，组合喷头工作压力变化对喷灌均匀性的影响与理论值差异较大。对于方案 3 和方案 5，风速为 0.43m/s，方向分

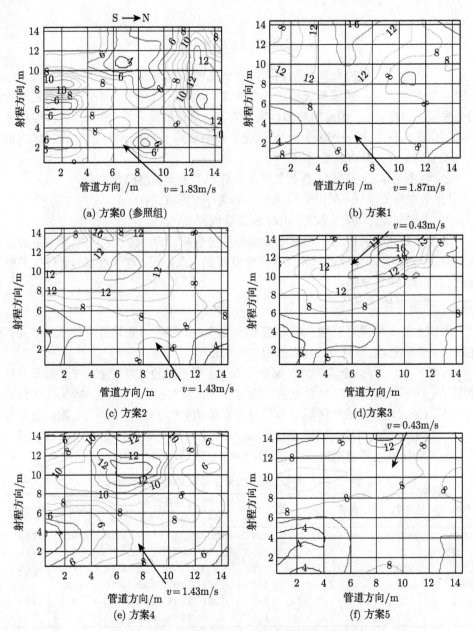

图 7-7　组合喷头工作压力变化对水量分布的影响

别为 167° 和 101° 时，喷灌均匀性理论值与试验值相差都在 4% 左右。方案 1、方案 2、方案 4 与参照组方案 0 的风向风速相差不大，风速为 1.43～1.87m/s，方向为 220°～254°，这三组方案与参照组的喷灌均匀性分别相差 1.6%、7.9% 和 4.9%。

因此可以得出,组合喷头工作压力变化对喷灌均匀性的影响不容忽视。对于参照组 0,当风速为 $v=1.83\text{m/s}$,方向为 220° 时,喷头工作压力只受管道沿程水力坡降影响时,喷灌均匀性高达 79.3%,比理论值高 71.6%,因此通过田间试验考察机组运行参数与气候因素对喷灌均匀性的影响十分必要。

图 7-7 中,方案 1、方案 2、方案 4 由于风向风速接近,喷灌强度较高的区域出现位置基本一致,受风的影响,从理论上喷洒区域中心移动到右上方的一致。因而风的影响不可忽略。参照组与其他五组方案的水量分布图可以看到,只有参照组的水量分布沿管道方向 (x 轴) 基本对称,其他方案下水量分布沿管道方向对称性较差,进一步说明了相邻喷头工作压力差的变化对水量分布具有一定影响。因此本书喷灌机组的合理配置对于系统稳定运行及喷灌均匀性提高具有重要意义。

7.3.2 喷头间距、管道布置、工作压力的综合影响

1. 正交实验表

为探究喷头间距、支管间距、管道布置方式及工作压力对组合喷灌均匀性的综合影响,并得到以上四个因素的最优组合方式,采用正交设计方法进行试验研究。正交设计因素为喷头间距、支管间距、喷头工作压力三因素。因素水平表如表 7-9 所示。

表 7-9 喷灌均匀性试验因素水平表

水平编号	喷头间距 a/m	工作压力 p/MPa	支管间距 b_m/m
1	10	0.25	10
2	15	0.30	15
3	18	0.35	18
4	13	—	—

喷头间距四个水平初步取 $a=10\text{m}$、15m、18m,水平 4 即 $a=13\text{m}$ 为增补项,对常用的三因素三水平正交表 L_3^4 进行改进,得到如表 7-10 所示的正交表[131]。对矩形和三角形布置分别进行试验,共计 24 组。试验条件下的气候参数及喷灌均匀系数计算结果也在该表中。CU_R 为喷头矩形布置时的组合喷灌均匀系数,CU_T 为喷头三角形布置时的组合喷灌均匀系数。

从表 7-10 可以看到,试验过程中温度在 28.3℃左右,风速在 0~2.7m/s 之间,且主要集中在 1.0~2.0m/s。风向基本稳定,与北向夹角为 236.5° 左右,即为东北风,管道南北布置,故与管道方向夹角为 56.5°。虽然试验过程中气候因素变量较多,但总体上上述试验结果可以用于喷灌均匀性影响因素的分析中。下面对试验结果进行分析。

表 7-10　喷灌均匀性影响因素正交试验及结果

试验编号	温度 T_{air}/℃	风速 v/(m/s)	风向 θ/(°)	a/m	p/MPa	b/m	CU_R/%	CU_T/%
1	26.7	1.2	271.0	10	0.25	10	80.4	84.7
2	26.6	2.4	265.0	10	0.3	15	79.9	79.6
3	29.7	0.9	240.5	10	0.35	18	78.4	74.7
4	27.7	0.0	216.0	15	0.25	18	76.2	77.7
5	29.2	1.9	155.4	15	0.3	10	76.2	79.8
6	25.9	1.3	324.5	15	0.35	15	76.6	78.2
7	27.6	2.7	223.5	18	0.25	15	74.5	73.3
8	28.4	1.5	223.0	18	0.3	18	79.8	76.8
9	29.8	0.4	146.4	18	0.35	10	77.2	75.8
10	27.6	1.0	278.5	13	0.25	10	82.9	80.1
11	30.3	1.4	235.0	13	0.3	15	78.2	78.3
12	26.7	1.2	271.0	13	0.35	18	77.8	74.9

2. 结果分析

仅考虑喷头间距、喷头工作压力和支管间距三个因素，对表 7-10 进行极差分析，可以得到采用矩形布置和三角形布置时三个因素的极差对比，如表 7-11 所示。表中 R_{CU}(%) 为喷灌均匀性的极差，为绝对值。

表 7-11　矩形布置和三角形布置下三因素变化时的喷灌均匀性极差对比　（单位：%）

喷头布置方式	喷头间距 a	工作压力 p	支管间距 b_m
矩形布置	4.3	3.0	4.1
三角形布置	2.4	1.0	1.2

从上表喷灌均匀性影响因素极差分析可以看到，矩形布置受喷头间距、工作压力及支管间距等因素影响较大；而三角形布置时极差最大的因素是喷头间距，仅为 2.4%。这说明了三角形布置时组合喷灌均匀性比较稳定，与 Playan 等[46] 的研究结果相符。试验风向下，表 7-11 中，采用矩形布置和三角形布置时，喷灌均匀性影响因素先后次序均为喷头间距 a(m)、支管间距 b_m(m) 和喷头工作压力 p(MPa)。上述三因素对喷灌均匀系数 CU 的作用规律如图 7-8 所示。

图 7-8 所示，采用矩形布置和三角形布置时，使 15PY 组合喷灌均匀系数 CU 最大的最优配置均为 a=10m、p=0.25MPa、b_m=10m。下面对图 7-8 所示三因素进行详细的分析。

1) 喷头间距与支管间距的影响

图 7-8 显示的喷灌喷灌均匀性受喷头间距、工作压力和支管间距作用的规律与极差分析结果一致，喷头间距对均匀性影响最大，喷头工作压力的作用最弱。总体上，喷灌均匀性随着喷头间距和支管间距的增大而减小。矩形和三角形两种布置下

喷头间距 $a=10$m 和支管间距 $b_m=10$m 时的均匀性都是最高，CU 值接近 80%，但对机组配置而言，小的配置间距会使管材用量增大，单位面积上的投资增加，需综合考虑。从图 7-8 也可以看出，矩形布置和三角形布置没有绝对的性能优劣之分。就喷头间距作用而言，$a=13$m、18m 时，矩形布置均匀性更高，$a=15$m 时，三角形布置均匀性更高。当支管间距变化时，矩形布置的均匀性先减小后增大，三角形布置时的均匀性一直减小。故试验风向下，支管间距应取小值。图 3-10 中，方形布置均匀性理论值随喷头间距变化先增大后减小。上述对比结果说明田间运行时各影响因素对喷灌均匀性的作用规律比较复杂，应具体分析。

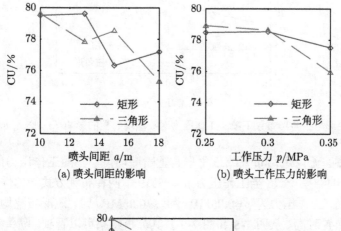

(a) 喷头间距的影响   (b) 喷头工作压力的影响

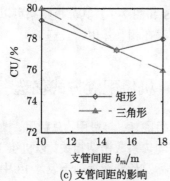

(c) 支管间距的影响

图 7-8　管道布置方式、布置间距、喷头工作压力对喷灌均匀性的影响

2) 喷头工作压力的影响

就表 7-10 中的配置方式而言，均匀性都随着喷头工作压力的增大而减小，与图 3-3 由单喷头水量喷洒图形换算到的组合喷灌均匀性随工作压力作用规律相反。这一方面是与配置方式选择不同有关，也与风速风向等气候因素综合作用有关。表 7-10 试验得到的喷灌均匀性普遍比理论计算结果更高。这些都说明了喷灌均匀性田间试验及多因素分析的必要性。

图 7-8 中，布置间距分别取 a=15m、b_m=15m 时，喷灌均匀系数 CU 在 76%~79% 之间变化。本书机组 PC45-4.4 配置优化时，选择的布置间距也是 a=15m、b_m=15m。就该布置下喷头工作压力对喷灌均匀性的影响进一步进行试验研究，得到如图 7-9 所示的曲线图。

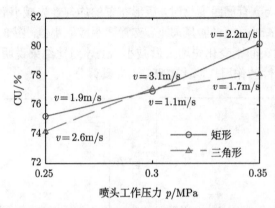

图 7-9　矩形与三角形布置下喷头工作压力对喷灌均匀性的影响 (a=15m, b_m=15m)

图 7-9 中，无论矩形布置或三角形布置喷灌均匀性都随工作压力的增大而增大，与图 3-3 的结果一致。当工作压力 p=0.3MPa，两种布置方式均匀性相当，三角形布置时略高；工作压力为 p=0.25MPa 和 p=0.35MPa 时，矩形布置均匀系数 CU 均比三角形布置时高。从图 7-8 和图 7-9 及其分析结果可以看到，喷头工作压力与布置间距对喷灌均匀性的影响存在相互作用。

7.4　机组配置方式优选

喷灌机组的配置优化与机组能耗、年费用、总费用、操作时间等因素有关，也与以喷灌均匀系数表征的喷灌均匀系数密切相关。以机组 PC45-4.4 为例，将本书涉及的该机组配置优化优化目标及最佳配置列于表 7-12 中，便于机组配置方式的综合选择。表中，以除均匀性以外的性能参数为目标的机组优化方案下，管道布置均采用正方形布置 (喷灌均匀性试验中统称为 "矩形")，得到的管道末端喷头工作压力 p_{min} 作为喷头工作压力进行对比。这是鉴于如图 6-3 和图 7-4 所示的管道沿程工作压力变化规律，管道沿程大部分喷头的工作压力与末端工作压力比较接近，只有首端喷头工作压力较高。

综合表 7-12 中不同优化目标下的机组最优配置及田间性能试验结果，在水源较近、水质较清澈，管道首部损失较小的场合下，机组最优配置为喷头数 n=12、管径 D=65mm、管道采用矩形布置，布置间距为 15m×15m，喷头工作压力控制在

0.27~0.3MPa 之间。

根据标准《旋转式喷头》(JB/T 7867—1997) 规定，15PY 喷头工作压力范围为 0.2~0.4MPa。在试验条件下，机组最优配置为喷头数 $n=10$、管径 $D=65$mm、管道采用矩形布置，布置间距为 15m×15m，喷头工作压力控制在 0.25MPa 以上即可。对于方向风速变化较大的场合，宜采用三角形布置，喷头工作压力控制在 0.3~0.35MPa。上述结果也说明轻小型喷灌机组的配置是一个较复杂的多目标优化问题，最优配置视具体应用条件和优化目标而定。

表 7-12　不同优化目标下机组 PC45-4.4 最优配置方式对比

| 编号 | 数据来源 | 优化目标 | | 喷头数 n/个 | 管径 D/mm | 喷头间距 a/m | 工作压力 p/MPa | 支管间距 b_m/m |
		评价指标	理论/试验					
1	表 3-2	E_p/(kW·h/(mm·hm²))	理论值	9	80	15	0.25	15
2	表 6-3	E_p/(kW·h/(mm·hm²))	理论值	12	65/50*	15	0.272	15
3	表 6-4	C_A/(元/(a·hm²))	理论值	12	65/50*	15	0.278	15
4	表 6-4	C_{total}/(元/hm²)	理论值	12	65/50*	15	0.274	15
5	表 6-5	Muliti- Objective	理论值	12	65	15	0.273	15
6	表 7-6	E_p/(kW·h/(mm·hm²))	试验值	10	65	15	0.252	15
7	图 3-10	CU/%	理论值	—	—	15	0.35	15
8	表 7-5	CU/%	试验值	—	—	10	0.25	10
9	表 7-10	CU/%	试验值	—	—	10	0.25	10

* 相应配置中有 $D=65$mm 的管段与 $D=50$mm 的管段组合。

7.5　本章小结

喷灌机组田间试验研究对象为机组 PC45-4.4，所得结论如下：

(1) 机组能耗影响因素分析。试验测得的机组单位能耗值为 5.555 ± 0.145 kW·h/(mm·hm²)，与理论计算值平均偏差率为 3.78%，该结果证明了采用含交互作用的正交试验法对单位能耗理论计算结果是可信的。试验条件下机组最优配置为 $a=15$m、$D=65$mm、$n=10$、$p_{min}=0.252$MPa。喷灌机组中喷头间距、管径、喷头数、喷头工作压力等配置和运行参数对能耗的影响规律较为复杂，且存在相互作用，实际应用中需根据实际情况合理配置，并参考机组的喷灌均匀性综合选择。

(2) 管道布置及运行参数对组合喷灌均匀性的影响。研究结果表明，在试验主导风向为 236.5° 左右时 (与管道方向夹角为 56.5°)，采用矩形布置和三角形布置，喷灌均匀性影响因素先后次序均为喷头间距 a(m)、支管间距 b(m) 和喷头工作压力 p(MPa)。且矩形布置时受以上三因素影响较大，极差为 3%~4.3%；而三角形布置时极差最大的因素是喷头间距，仅为 2.4%，这说明了三角形布置时组合喷灌均匀性比较稳定，与前人研究结果相符。以上三因素与布置方式之间存在明显的交互作用，当支管间距变化时，矩形布置的均匀性先减小后增大，三角形布置时的均匀性一直减小。因此在当前主导风向下，支管间距应取小值。试验方案下，喷灌均匀性总体上随着喷头工作压力的增大而减小；布置间距采用 15m×15m 时，无论矩形布置或三角形布置喷灌均匀性都随工作压力的增大而增大。同时，当同一系统喷头工作压力相近的情况下，组合喷洒相邻喷头间工作压力差对均匀性起主导作用。

(3) 管道水力计算方法验证。试验得到的管道沿程喷头工作压力分布趋势与理论计算方法基本相符，管道首端管长的前半段压力变化较大，后半段趋于平缓。但总体上管道沿程喷头工作压力分布试验结果不是十分平坦，与后退法的计算结果有一定差异，与前进法描绘的规律更加接近。

(4) 机组最优配置方式选择。综合考虑机组 PC45-4.4 多项指标理论计算与试验结果，得出在水源较近、水质较清澈，管道首部损失较小的场合下，机组最优配置为喷头数 $n=12$、管径 $D=65mm$、管道采用矩形布置，布置间距为 15m×15m，喷头工作压力控制在 0.27~0.3MPa 之间。在试验条件下，机组最优配置为喷头数 $n=10$、管径 $D=65mm$、管道采用矩形布置，布置间距为 15m×15m，喷头工作压力控制在 0.25MPa 以上即可。

第8章 轻小型移动式喷灌机组发展方向探讨

从近三年的中央一号文件可以看出,农村、农业将在今后一段时期内发生重大变化,为灌溉发展带来新的契机。轻小型移动式喷灌机组因自身的结构特点与我国国情相符将长期存在,但在大面积发展中会受到一定的制约。只有充分利用该机组的自身优势,结合农业发展的趋势及农民增产增收的需要,从用户的角度出发,才能最大程度发挥其价值。

首先,随着农村劳动力的转移及农民生活水平的提高,轻小型移动式喷灌机组的移动便捷性亟待提高。其次,随着喷灌技术应用范围的拓展,喷微灌技术结合运用的需求逐渐凸显。再者,由于我国地理条件、作物种植模式的多样性,变量灌溉技术将成为新的发展趋势。同时,随着互联网技术的深入以及绿色农业相关政策的提出,信息化灌溉、水肥一体化及机组多目标运用将成为轻小型移动式喷灌机组发展的重要趋势。在机组结构及功能升级、拓展的同时,与此相配套的机组多目标优化方法及综合评价指标体系研究、不同场合机组灌溉模式及作用机理研究需加快进度[189]。

1) 发展喷微 (滴) 灌两用机组

喷微 (滴) 灌两用机组可以满足以下几种场合的灌溉需求:① 高秆作物与矮秆作物轮作稻茬时,喷灌与微灌两种模式能进行切换,在我国这样的需求范围很广。② 密植作物与稀植作物间作时喷灌与微灌同时灌溉。密植作物以叶类植物为主,适合喷灌;稀植作物以果树及藤蔓、瓜果、蔬菜为主,适合微滴灌。③ 丘陵坡地顶部采用微灌,底部采用喷灌[190]。通过发展喷微灌两用机组型式,能充分利用压力水头,最大限度地发挥微滴灌均匀性高、蒸发量小,以及喷灌覆盖面积大、能调节田间小气候的特点。

2) 进行轻小型移动式喷灌机组的便捷化设计,提高机组的机械化水平

轻小型移动式喷灌机组的便捷化设计包括以下几方面的内容:① 提高管件的密封性及加工质量,实现管材、管件的系列化[190]。② 机组构件及快插管件的模块化设计,提高机组的便捷性、互换性与通用性,实现机组的固定、移动两用。③ 设计对作业环境适应性强的智能构件,使其在作物机械收获时防损伤,无人看守时防被偷。④ 综合各类喷灌机组型式的优势,开发适应性强的机械移管机构,提高机组的机械化水平。⑤ 机组能源动力的多元化利用。例如,采用太阳能和农村生物质能[191]。轻小型移动式喷灌机组构成方式相对简单、灵活,根据不同用户的使用

需求进行定制设计有可能成为新的机组型式诞生的突破口。

3) 机组自动化、信息化设计，实现精确灌溉

灌溉自动化能最大限度地节省劳动力，而灌溉信息化则能帮助农户科学决策、精确灌溉，也能对灌溉效果进行追踪和把控，最大限度地节水、节能。要实现轻小型移动式喷灌机组的自动化和信息化需从以下几方面入手：① 硬质金属管、涂塑软管结合使用，对压力或流量调节装置和配套管件进行设计。② 增设气候参数、土壤参数相关传感器，实现喷灌系统的自动化控制，开发灌溉信息采集及决策软件，实现区域灌溉的数字化、网络化[190]。③ 设计可拆卸且防水、防损伤的灌溉信息化仪器设备。机组移动与自动化控制通常很难两全，特别是当机组采用软管配置时，但机组自动化设备具有较强的通用性，如果能开发出适用于轻小型移动式喷灌机组的自动化控制设备和管理系统，则能很大程度上扩大该机组型式在未来的应用范围，同时也能解决丘陵地区灌溉信息化的难题。

4) 发展机组低能耗变量灌溉技术

发展机组低能耗变量灌溉技术包括以下几方面的内容：① 喷灌机组优化配置，合理分配机组流量、降低水力损失[190]。即在水泵已定的情况下，根据用户需求采用单目标或多目标优化模型、运用先进的优化方法对机组配置方式进行优化。② 根据具体地块、作物的灌溉需求采用变频泵调节水泵转速或对喷头个数、流量进行调节。③ 对多工况高效运行水泵、高吸程自吸泵、高效率低扬程微灌专用泵、高性能低压喷洒喷头等喷灌设备进行设计，以满足喷微灌两用系统、低水位灌溉、抗旱排涝、经济作物低压喷洒等多种场合的需求[190]。

5) 机组水肥一体化实现及多目标应用

为了提高农产品品质和资源的利用率，水肥一体化是喷灌设备发展的必然趋势。但目前轻小型喷灌机组很少用来施肥。灌水和施肥分开进行不但会增加劳动力的消耗，而且不利于作物的吸收。水肥一体化技术的核心为机组的首部，在微灌系统中能够实现，在轻小型移动式喷灌机组中如采用合适的管材、管件及施肥设备也能实现。同理，轻小型移动式喷灌机组也可用于抗旱补灌、冬季防霜、禽畜舍降温、工厂防尘等[190]。不同用途下的灌溉洒水模式需根据实际情况进行研究。

6) 机组综合评价指标体系细化与区别化应用

对于不同的土壤和作物，其适宜的灌溉技术参数需通过长期的田间试验才能获得，尤其针对特定地区新引入的作物；针对不同用途下应采用的技术指标也需通过试验来验证确定，可能与机组用于灌溉时的指标存在很大区别；一些定性指标则需通过多方调研测试获得。因此，需根据实际需要对轻小型移动式喷灌机组的综合评价指标体系进行细化与区别化应用。

参 考 文 献

[1] 张梦华. 拖拉机节能认证势在必行. 农机质量与监督, 2012, (5): 32-33.

[2] 灌溉网. 发展节水农业, 破解粮食安全危局. http://zt.irrigation.com.cn/crops.

[3] 梁浩. 2016 年十大政策力挺高效节水灌溉行业发展. http://news.irrigation.com.cn/china /2017/112655.html [2017-01-11]

[4] 姚润萍. 2016 年 "新增高效节水灌溉面积 2000 万亩" 任务提前超额完成. http://news. xinhuanet.com/politics/2016-12-19/c_129410113.htm [2016-12-19]

[5] 吴景社. 国外节水灌溉技术发展现状与趋势 (上). 世界农业, 1994, (1): 20-30.

[6] 陈卯. 小型恒压喷灌系统机泵的设计. 福建农机, 2009,(3): 45-48.

[7] 吴永成. 华北地区冬小麦–夏玉米节水种植体系氮肥高效利用机理研究. 北京: 中国农业 大学, 2005.

[8] 王晖, 杨伟球. 稻麦轮作条件下土壤硝态氮残留分析. 现代农业科技, 2011, (1): 280-282.

[9] 张红. 烟稻轮作与稻稻连作对稻田土壤养分的影响. 长沙: 湖南农业大学, 2011.

[10] 曾永跃. 机械微喷灌节水技术应用初探. 广西农业机械化, 2009,(4): 27-28.

[11] 江苏旺达喷灌机有限公司. 移动软管式喷灌. http://www.jtdwsb.com/product/gczs/75. html [2012-06-10]

[12] 中华人民共和国国家质量监督检验检疫总局, 中国国家标准化管理委员会. 轻小型喷灌机. GB/T 25406—2010. 北京: 中国标准出版社, 2011.

[13] 高网大. 轻小型喷灌机在我国发展的前景. 中国水务高峰论坛, 北京, 2011.

[14] Walter K, Bilanski. Factors that affect distribution of water from a medium pressure rotator irrigation sprinkler. School for Advanced Graduate Studies of Michigan State University of Agriculture and Applied Science. Department of Agricultural Engineering. 1956.

[15] Woodward G O. Sprinkler Irrigation. 2nd ed. Washington, D.C: Sprinkler Irrigation Association, Darby Printing Company, 1959.

[16] Sprinkler & Trickle Irrigation-Lecture Notes. Civil and Environmental Engineering Department, Utah State University, Logan, Utah, America: No. CEE 5001/6001, 2011.

[17] 水利部国际合作司, 水利部农村水利司, 中国灌排技术开发公司, 等. 美国国家灌溉工程 手册. 北京: 中国水利水电出版社, 1998.

[18] 中华人民共和国机械工业部. 轻小型喷灌机. JB/T 8399—96.

[19] Rodriguez D J A, Montesinos P, Poyato E C. Detecting critical points in on-demand irrigation pressurized networks-A new methodology. Water Resources Management, 2012, (26): 1693-1713.

[20] Moreno M A, Ortega J F, Corcoles J I, et al. Energy analysis of irrigation delivery systems: monitoring and evaluation of proposed measures for improving energy efficiency. Irrigation Science, 2010, (28): 445-460.

[21] Chen D, Webber M, Chen J, et al. Energy evaluation perspectives of an irrigation improvement project proposal in China. Ecological Economics, 2011, 70(11): 2154-2162.

[22] 涂琴, 李红, 王新坤, 等. 轻小型喷灌机组能耗分析与多元回归模型. 排灌机械工程学报, 2014, 32(2): 162-166, 178.

[23] 王新坤, 袁寿其, 刘建瑞, 等. 轻小型喷灌机组能耗计算与评价方法. 排灌机械工程学报, 2010,28(3): 247-250.

[24] 牛连和, 纪瑞森. 喷灌系统机组效率及耗电测试. 北京水利, 1994, (3): 95.

[25] 刘柱国. 喷灌能源消耗对比分析. 节水灌溉, 2000, (1): 15-17.

[26] DeBoer D W, Monnens M J. Application characteristics of rotating-plate sprinklers. St. Joseph. Mich. ASSE, ASABE Paper No. 93-1312. 1993.

[27] Fukui Y, Nakanishi K, Okamura S. Computer evaluation of sprinkler irrigation uniformity. Irrigation Science, 1980, 2(1): 23-32.

[28] Soares A A, Wilardson L S, Keller J. Surface-slope effects on sprinkler uniformity. Journal of Irrigation and Drainage Engineering-ASCE, 1991, 117(6): 870-879.

[29] Howell T A, Phene C J. Distribution of irrigation water from a low pressure, lateral-moving irrigation system. Transactions of the ASAE, 1983, 26(5): 1422-1429.

[30] Mateos L. Assessing whole-field uniformity of stationary sprinkler irrigation system. Irrigation. Science, 1998, 18(2): 73-81.

[31] Burt C M, Clemmens A J, Solomon K H. Identification and qualification of efficiency and uniformity components. Proceedings of the ASCE Water Conference in San Antonio, Texas, 1995. ITRC: P92-005.

[32] Burt C M. Rapid field evaluation of drip and microspray distribution uniformity. Irrigation and Drainage Systems, 2004,18(4): 275-297.

[33] Edling R J, Chowdhury P K. Kinetic energy, evaporation and wind drift of droplets from low pressure irrigation nozzles. Transactions of the ASAE, 1985, 28(5): 1543-1550.

[34] Hanson B R, Orloff S B. Rotator nozzles more uniform than spray nozzles on center-pivot sprinklers. California Agriculture, 1996, 50(1): 32-35.

[35] Dukes M D, Perry C. Uniformity testing of variable-rate center pivot irrigation control systems. Precision Agriculture, 2006, (7): 205-218.

[36] Le Grusse P, Mailhol J C, Bouaziz A, et al. Indicators and framework for analysing the technical and economic performance of irrigation systems at farm level. Irrigation. and Drainage, 2009, (58): S307-S319.

[37] Mateos L. A simulation study of comparison of the evaluation procedures for three irrigation methods. Irrigation Science, 2006, 25(1): 75-83.

[38] Bekele Z, Tilahun K. On-farm performance evaluation of improved traditional small-scale irrigation practices: A case study from Dire Dawa area, Ethiopia. Irrigation and Drainage Systems, 2006, 20(1): 83-98.

[39] Ali M H. Chapter 4: Performance evaluation of irrigation projects. Practices of Irrigation & On-farm Water Management: Volume 2. Springer Science and Business Media, LLC, 2011: 111-138.

[40] 李久生. 灌水均匀度与深层渗漏量关系的研究. 农田水利与小水电, 1993, (1): 1-4.

[41] Martinez J M, Martinez R S, Tarjuelo Martin-Benito J, et al. Analysis of water application cost with permanent set sprinkler irrigation systems. Irrigation Science, 2004, 23(3): 103-110.

[42] Morankar D V, Raju K S, Kumar D N. Integrated sustainable irrigation planning with multiobjective fuzzy optimization approach. Water Resources Management, 2013, 27(11): 3981-4004.

[43] Burt C M, Clemmens A J, Strelkoff T S, et al. Irrigation performance measures: efficiency and uniformity. Journal of Irrigation and Drainage Engineering-ASCE 1997, 123, (6). DOI: 10.1061/(ASCE)0733-9437 (1997)123:6(423).

[44] Srivastava R C, Mohanty S, Singandhuppe R B, et al. Feasibility evaluation of pressurized irrigation in canal commands. Water Resources Management, 2010, 24(12): 3017-3032.

[45] Montero J, Tarjuelo J M, Carrion P. SIRIAS: a simulation model for sprinkler irrigation. Irrigation Science, 2001, 20(2): 85-98.

[46] Playan E, Zapata N, Faci J M, et al. Assessing sprinkler irrigation uniformity using a ballistic simulation model. Agricultural Water Management, 2006, 84(1-2): 89-100.

[47] Anane M, Bouziri L, Limam A, et al. Ranking suitable sites for irrigation with reclaimed water in the Nabeul-Hammamet region (Tunisia) using GIS and AHP-multicriteria decision analysis. Resources Conservation and Recycling, 2012, (65): 36-46.

[48] Koklu R, Sengorur B, Topal B. Water quality assessment using multivariate statistical methods—a case study: Melen River System (Turkey). Water Resources Management, 2010, 24(5): 959-978.

[49] 陈俊英, 张智韬, Gillerman L, 等. 影响土壤斥水性的污灌水质主成分分析. 排灌机械工程学报, 2013, 31(5): 434-439.

[50] Khan Z A, Kamaruddin S, Siddiquee A N. Feasibility study of use of recycled High Density Polyethylene and multi response optimization of injection moulding parameters using combined grey relational and principal component analyses. Material and Design, 2010, 31(6): 2925-2931.

[51] Deng J L. The control problems of grey systems. Systems and Control Letters, 1982, 1(5): 288-294.

[52]   冷慧敏. 基于灰色关联分析法的四川农业产业化项目优选决策研究. 成都: 西南财经大学, 2012.

[53]   曹明霞. 灰色关联分析模型及其应用的研究. 南京: 南京航空航天大学, 2007.

[54]   Siddiquee A N, Khan Z A, Mallick Z. Grey relational analysis coupled with principal component analysis for optimisation design of the process parameters in in-feed centreless cylindrical grinding. The International Journal of Advanced Manufacturing Technology, 2010, 46(9-12): 983-992.

[55]   李小东. 层次–灰色关联法及其在污水处理方案优选中的应用. 太原: 太原理工大学, 2006.

[56]   周明耀, 陈朝如, 彭怀英. 灌溉管理的递阶多层次灰色评价方法. 系统工程理论与实践, 2000, (4): 120-126.

[57]   Kang Y, Nishiyama S. Hydraulic analysis of microirrigation submain units. Transactions of the ASAE, 1995, 38(5): 1377-1384.

[58]   Trung M C, Nishiyama S, Anyoji H. Application of unsteady flow analysis in designing a multiple outlets sprinkler irrigation system. Paddy and Water Environment, 2007, 5(3): 181-187.

[59]   Wu P T, Zhu D L, Wang J. Gravity-fed drip irrigation design procedure for single-manifold subunit. Irrigation Science, 2010, 28(4): 359-369.

[60]   Vallesquino P. An approach for simulating the hydraulic performance of irrigation laterals. Irrigation Science, 2008, (26): 475-486.

[61]   Wu I P. Energy gradient line approach for direct hydraulic calculation in drip irrigation design. Irrigation Science, 1992, 13(1): 21-29.

[62]   Mohtar R H, Bralts V F, Shayya W H. A finite element model for the analysis and optimization of pipe networks. Transactions of the ASAE, 1991, 34(2): 393-401.

[63]   Andrade C L T, Allen R G, Wells R D. SPRINKLRTMOD-Pressure and discharge simulation model for pressurized irrigation systems. 3. Sensitivity to lateral hydraulic parameters and leakage. Irrigation Science, 1999, (18): 157-161.

[64]   Gerrish P J, Bralts V F, Shayya W H. An improved analysis of microirrigation hydraulics using a virtual emitter system. Transactions of the ASAE, 1996, 39(4): 1403-1410.

[65]   Barthelemy J P, Brucker F. NP-hard approximation problems in overlapping clustering. Journal of Classification, 2001, 18(2): 159-183.

[66]   王新坤. 微灌管网水力解析及优化设计研究. 咸阳: 西北农林科技大学, 2004.

[67]   程小娟. 随机规划在输水管及树状管网优化中的应用. 西安: 西安理工大学, 2005.

[68]   徐翠兰. 微灌系统随机规划数学模型研究. 南京: 河海大学, 2003.

[69]   许刚, 朱汶迁, 吴金民. 基于蚁群算法的给水管网改扩建优化. 中国农村水利水电, 2006, (3): 67-69.

[70]   Zecchin A C, Simpson A R, Maier H R, et al. Application of two ant colony optimisation algorithms to water distribution system optimization. Mathematical and Computer Modeling, 2006, 44(5-6): 451-468.

[71] Moeini R, Afshar M H. Layout and size optimization of sanitary sewer network using intelligent ants. Advances in Engineering Software, 2012, (51): 49-62.

[72] Goldberg D E, Kuo C. Genetic algorithms in pipeline optimization. Journal of Computing in Civil Engineering, 1987, 1(2): 128-141.

[73] 周荣敏, 林性粹. 应用单亲遗传算法进行树状管网优化布置. 水利学报, 2001, (6): 14-18.

[74] 储诚山. 改进混合遗传算法用于给水管网优化设计的研究. 天津: 天津大学, 2006.

[75] 赵文举, 马孝义, 张建兴, 等. 基于模拟退火遗传算法的渠系配水优化编组模型研究. 水力发电学报, 2009, 28(5): 210-214, 113.

[76] Pais M S, Ferreira J C, Teixeira M B, et al. Cost optimization of a localized irrigation system using genetic algorithms. IDEAL 2010, (6283): 29-36.

[77] Hassanli A M, Dandy G C. Optimal layout and hydraulic design of branched networks using genetic algorithms. Applied Engineering in Agriculture, 2005, 21(1): 55-62.

[78] Goncalves G M, Pato M V. A three-phase procedure for designing an irrigation system's water distribution network. Annals of Operations Research, 2000, 94(1-4): 163-179.

[79] Dorigo M. Optimization, Learning and Natural Algorithms. Department of Electronics Polotecnico diMilano, Italy, 1992.

[80] Gil C, Baños R, Ortega J, et al. Ant colony optimization for water distribution network design: a comparative study. International Work-Conference on Artificial Neural Networks (IWANN), 2011, Part II, LNCS 6692: 300-307.

[81] Kumar D N, Reddy M J. Ant colony optimization for multi-purpose reservoir operation. Water Resources Management, 2006, 20(6): 879-898.

[82] Goss S. Aron S. Deneubourg J L, et al. Self-organized shortcuts in the Argentine ant. Naturwissenschaften, 1989, 76(12): 579-581.

[83] Dorigo M, Maniezzo V, Colorni. The ant system: optimization by a colony of cooperating agents. IEEE Transactions on Systems, Man and Cybernetics, Part B: Cybernetics, 1996, 26(1): 29-41.

[84] Blum C, Merkle D. Swarm Intelligence: Introduction and Application. 龙飞译. 北京: 国防工业出版社, 2011: 46.

[85] 刘振. 蚁群算法的性能分析及其应用. 广州: 华南理工大学, 2010.

[86] 史峰, 王辉, 郁磊, 等. MATLAB 智能算法 30 个案例分析. 北京: 北京航空航天大学出版社, 2011: 205-207.

[87] Hernandez H, Blum C. Ant colony optimization for multicasting in static wireless ad-hoc networks. Swarm Intelligence, 2009, 3(2): 125-148.

[88] Martens D, Backer D M, Haesen, R, et al. Classification with ant colony optimization. IEEE Transactions on Evolutionary Computation, 2007, 11(5): 651-665.

[89] Fuellerer G, Doerner K F, Hartl R F, et al. Ant colony optimization for the two-dimensional loading vehicle routing problem. Computers & Operations Research, 2009, 36(3): 655-673.

[90] Dorigo M, Blum C. Ant colony optimization theory: A survey. Theoretical Computer Science, 2005, 344(2-3): 243-278.

[91] 李士勇, 陈永强, 李研, 等. 蚁群算法及其应用. 哈尔滨: 哈尔滨工业大学出版社, 2004: 59-62.

[92] 张永华. 基于蚁群算法的给水管网改扩建研究. 杭州: 浙江大学, 2005.

[93] 大江网. 我国各省人均耕地面积排名表. http://bbs.jxnews.com.cn/ [2012-3-22]

[94] 高网大. 喷灌管网的立式喷头插接安装结构: ZL201220126130.6. 2012-12-19.

[95] 李红, 涂琴, 陈超, 等. 一种喷头及管道固定装置: ZL201310192217.2. 2013-09-24.

[96] 李红, 涂琴, 陈超, 等. 一种组合式双支管多喷喷灌系统: ZL201320339024.0. 2013-11-06.

[97] 涂琴. 轻小型移动式喷灌机组能耗评价体系研究. 镇江: 江苏大学, 2011.

[98] 崔毅. 农业节水灌溉技术及应用实例. 北京: 化学工业出版社, 2005.

[99] 韩文霆. 变量喷洒可控域精确灌溉喷头及喷灌技术研究. 咸阳: 西北农林科技大学, 2003.

[100] 薛毅. 最优化原理与方法. 北京: 北京工业大学出版社, 2004.

[101] 白丹. 给水输配水管网系统优化设计研究. 西安: 西安理工大学, 2003.

[102] 张令梅. 管道灌溉管网工程优化规划模型研究. 南京: 河海大学, 2005.

[103] 王新坤, 袁寿其, 朱兴业, 等. 轻小型移动喷灌机组低能耗遗传算法优化设计. 农业机械学报, 2010, 40(10): 58-62.

[104] 朱兴业, 蔡彬, 涂琴. 轻小型喷灌机组逐级阻力损失水力计算. 排灌机械工程学报, 2011, 29(2): 180-184.

[105] Yildirim G. Total energy loss assessment for trickle lateral lines equipped with integrated in-line and on-line emitters. Irrigation Science, 2010, 28(4): 341-352.

[106] Zapata N, Playan E, Martınez-Cob A, et al. From on-farm solid-set sprinkler irrigation design to collective irrigation network design in windy areas. Agricultural Water Management, 2007, 87(2): 187-199.

[107] 李刚, 王晓愚, 白丹. 地下滴灌中毛管水力计算的数学模型与试验. 排灌机械工程学报, 2011, 29(1): 87-92.

[108] 涂琴, 李红, 王新坤, 等. 不同指标轻小型喷灌机组配置优化. 农业工程学报, 2013, 29(22): 83-89.

[109] 郭珺, 龙海游, 郭振苗. 对今后我国节水灌溉发展对策的思考. 节水灌溉, 2009, (2): 47-48.

[110] Lamaddalena N, Khila S. Efficiency-driven pumping station regulation in on-demand irrigation systems. Irrigation Science, 16 pages, DOI 10.1007/s00271-011-0314-0, published online Dec. 27, 2011.

[111] Monreno M A, Coroles J I, Tarjuelo J M, et al. Energy efficiency of pressurized irrigation networks managed on-demand and under a rotation schedule. Biosystems Engineering, 2010, 107(4): 349-363.

[112] Colaizzi P D, Evett S R, Howell T A. Crop production comparison with spray, LEPA, and subsurface drip irrigation in the Texas High Plains. ASABE Annual International Meeting, 2010: IRRI10-9704.

[113] 李红, 徐德怀, 李磊, 等. 自吸泵自吸过程瞬态流动的数值模拟. 排灌机械工程学报, 2013, 31(7): 565-569.

[114] 吴大转, 杨帅, 孙幼波, 等. 多级副叶轮密封的性能分析与应用. 排灌机械工程学报, 2012, 30(1): 15-19.

[115] 何为, 薛卫东, 唐斌. 优化试验设计方法及数据分析. 北京: 化学工业出版社, 2012: 329.

[116] Machiwal D, Jha M K, Singh P K, et al. Planning and design of cost-effective water harvesting structures for efficient utilization of scarce water resources in semi-arid regions of Rajasthan, India. Water Resources Management, 2004, 18(3): 219-235.

[117] 陈守伦, 徐青. 各种折旧方法静态与动态特性探讨. 河海大学学报, 2000, 28(2): 40-44.

[118] Tu Q, Wang X, Li H. Optimization of sprinkler irrigation machine based on Genetic Algorithms. ASABE Annual International Meeting, Dallas, USA, 2012: 12-1341121.

[119] 白丹. 机压喷灌干管管网优化. 农业机械学报, 1996, 7(3): 52-57.

[120] International Electrotechnical Commission. Dependability Management-Part 3-3: Application Guide-Life Cycle Costing IEC 60300-3-3, 2004.

[121] 崔新奇, 尹来宾, 范春菊, 等. 变电站改造中变压器全生命周期费用 (LCC) 模型的研究. 电力系统保护与控制, 2010, 38(7): 69-73.

[122] Krozer Y. Life cycle costing for innovations in product chains. Journal of Cleaner Production, 2008, 16(3): 310-321.

[123] Halwatura R U, Jayasinghe M T R. Influence of insulated roof slabs on air conditioned spaces in tropical climatic conditions- A life cycle cost approach. Energy and Buildings, 2009, 41(6): 678-686.

[124] 蔡亦竹, 柳璐, 程浩忠, 等. 全寿命周期成本 (LCC) 技术在电力系统中的应用综述. 电力系统保护与控制, 2011, 39(17): 149-154.

[125] Ribeiro I, Pecas P, Henriques E. Comprehensive model to evaluate the impact of tooling design decisions on the life cycle cost and environmental performance//19th CIRP International Conference on Life Cycle Engineering, Berkeley, 2012.

[126] 韩文霆. 喷灌分布均匀系数研究. 节水灌溉, 2008, (7): 4-8.

[127] Christiansen J E. Irrigation by Sprinkling. California Agricultural Experiment Station, Sacramento, California, 1942: 124.

[128] Criddle W D, Davis, Sterling, et al. Methods for evaluating irrigation systems. USDA Soil Conservation Service Handbook, No. 82, 1956.

[129] Wilcox J C, Swailes G E. Uniformity of water distribution by some undertree orchard sprinklers. Scientia Agricola, 1947, 27(11): 565-583.

[130] Pitts D, Peterson K, Gilbert G, et al. Field assessment of irrigation system performance. Applied Engineering in Agriculture, 1996, 12(3): 307-313.

[131] Keller J, Blisner R D. Sprinkle and the Trickle Irrigation. New York: Van Nostrand Reinhold, 1990.

[132] 李小平. 喷灌系统水量分布均匀度研究. 武汉: 武汉大学, 2005.

[133] Sanchez I, Zapata N, Faci J M. Combined effect of technical, meteorological and agronomical factors on solid-set sprinkler irrigation: II. Modi?cations of the wind velocity and of the water interception plane by the crop canopy. Agricultural Water Management, 2010, 97(10): 1591-1601.

[134] Sanchez I, Faci J M, Zapata N. The effects of pressure, nozzle diameter and meteorological conditions on the performance of agricultural impact sprinklers. Agricultural Water Management, 2011, 102(1): 13-24.

[135] 李世英. PY$_1$ 系列摇臂式喷头浅析. 江苏工学院学报, 1982, (4): 34-47.

[136] 刘俊萍, 袁寿其, 李红, 等. 全射流喷头射程与喷洒均匀性影响因素分析与试验. 农业机械学报, 2008, 39(11): 51-54.

[137] 陈超, 李红, 袁寿其, 等. 出口可调式变量喷头喷灌均匀性. 排灌机械工程学报, 2011, 29(6): 536-542.

[138] Chen D, Wallender W W. Economic sprinkler selection, spacing, and orientation. Transactions of the ASAE, 1984: 737-743.

[139] Wallender W W, Ohira S. Abbreviated sprinkle irrigation evaluation. Transactions of the ASAE, 1987, 30(5): 1430-1434.

[140] 梁卫东. 轿车制造操作时间定额标准的编制研究及作用. 工业工程与管理, 1999, (6): 55-60.

[141] 杜玉龙, 徐大军. 初级建筑消防员室内环境下标准操作时间. 消防科学与技术, 2011, 30(1): 79-81.

[142] Garg M, Cascarini L, Coombes D M, et al. Multicentre study of operating time and inpatient stay for orthognathic surgery. British Journal of Oral and Maxillofacial Surgery, 2010, 48(5): 360-363.

[143] 中华人民共和国建设部. 喷灌工程技术规范. GB50085—2007. 北京: 中国标准出版社, 2007.

[144] USDA. Irrigation systems evaluation procedures. National Engineering Handbook-Chapter 9. Washington, D C: Natural Resources Conservation Service USDA, 1997.

[145] Montero J, Tarjuelo J M, Carrion. Sprinkler droplet size distribution measured with an optical spectropluviometer. Irrigation Science, 2003, (22): 47-56.

[146] King B A, Bjorneberg D L. Characterizing droplet kinetic energy applied by moving spray-plate center-pivot irrigation sprinklers. Transactions of the ASABE, 2010, 53(1): 137-145.

[147] Burt C M, Clemmens A J, Strelkoff T S, et al. Irrigation performance measures. Efficiency and uniformity. Journal of Irrigation and Drainage Engineering, 1997, 123(6): 423-442.

[148] 胡子义. 基于 AHP-SOFM 的智能化决策模型研究与应用. 北京: 首都师范大学, 2006.

[149] 邓聚龙. 灰色系统基本方法. 武汉: 华中理工大学出版社, 1987.

[150] Abhang L B, Hameedullah M. Determination of optimum parameters for multi- performance characteristics in turning by using grey relational analysis. International Journal of Advanced Manufacturing Technology, 2012. DOI 10.1007/s00170-011-3857-6.

[151] Datta S, Bandyopadhyay A, Pal P K. Grey-based taguchi method for optimization of bead geometry in submerged arc bead-on-plate welding. International Journal of Advanced Manufacturing Technology, 2008, (39): 1136-1143.

[152] Zhai L Y, Khoo L P, Zhong Z W. Design concept evaluation in product development using rough sets and grey relation analysis. Expert Systems with Applications, 2009, (36): 7072-7079.

[153] 李靖华, 郭耀煌. 主成分分析用于多指标评价的方法研究为主成分评价. 管理工程学报, 2002, 16(1): 39-43.

[154] Karami E. Appropriateness of farmers' adoption of irrigation methods- The application of the AHP model. Agricultural Systems, 2006, (87): 101-119.

[155] 王书吉, 费良军, 雷雁斌, 等. 综合集成赋权法在灌区节水改造效益评价中的应用. 农业工程学报, 2008, 24(12): 48-51.

[156] 陈强, 杨晓华. 基于熵权的 TOPSIS 法及其在水环境质量综合评价中的应用 [J]. 环境工程, 2007, 25(4): 75-77.

[157] Montazar A, Zadbagher E. An analytical hierarchy model for assessing global water productivity of irrigation networks in Iran. Water Resources Management, 2010, (24): 2817-2832.

[158] 曾志强. 基于熵权灰色关联分析法的供应商选择决策研究. 武汉: 武汉理工大学, 2009.

[159] Wang Z H, Zhan W. Dynamic engineering multi-criteria decision making model optimized by entropy weight for evaluating bid. Systems Engineering Procedia, 2012, (5): 49-54.

[160] 邵光成, 郭瑞琪, 蓝晶晶, 等. 避雨栽培条件下番茄灌排方案熵权系数评价. 排灌机械工程学报, 2012, 30(6): 733-736.

[161] Rao R, Yadava V. Multi-objective optimization of Nd: YAG laser cutting of thin superalloy sheet using grey relational analysis with entropy measurement. Optics and Laser Technology, 2009, (41): 922-930.

[162] Chen Q, Yang X H. Comprehensive assessment of water environment quality by TOPSIS method based on entropy weight. Environmental Engineering, 2007, 25(4), 75-77.

[163] 牛豪震, 刘战东, 贾云茂. 地下水埋深对春玉米需水量及需水系数的影响. 灌溉排水学报, 2010, 29(4): 110-113.

[164] 武永利, 刘文平, 马雅丽, 等. 山西冬小麦作物需水量近 45 年变化特征. 安徽农业科学, 2009, 37(16): 7380-7383.

[165] 宋巨龙, 钱富才. 基于黄金分割的全局最优化方法. 计算机工程与应用, 2005, (4): 94-95, 130.

[166] 周云. 管段造价函数中的参数确定. 兰州铁道学院学报, 1994, 13(1): 72-77.

[167] 王海平, 孙常军. 自压喷灌技术在茶园的应用. 安徽农业科学, 2003, 31(3): 492-493.

[168] 嵇庆才. 江苏地区土壤持水性及水分有效性研究. 扬州: 扬州大学, 2006.

[169] 白丹, 王新. 基于遗传算法的多孔变径管优化设计. 农业工程学报, 2005, 21(2): 42-45.

[170] 王新坤, 蔡焕杰. 微灌坡地双向毛管最佳支管位置遗传算法优化设计. 农业工程学报, 2007, 23(2): 31-35.

[171] 付玉娟, 蔡焕杰, 张旭东, 等. 基于遗传算法的树状灌溉管网优化设计. 人民黄河. 2006, 28(7): 42-44.

[172] 宋松柏, 吕宏兴. 灌溉渠道轮灌配水优化模型与遗传算法求解. 农业工程学报, 2004, 20(2): 40-44.

[173] 梁芳. 遗传算法的改进及其应用. 武汉: 武汉理工大学, 2008.

[174] Chebouba A, Yalaouia F, Smati A, et al. Optimization of natural gas pipeline transportation using ant colony optimization. Computers and Operations Research, 2009, (36): 1916-1923.

[175] Mohan B C, Baskaran R. A survey: Ant Colony Optimization based recent research and implementation on several engineering domain. Expert Systems with Applications, 2012, (39): 4618-4627.

[176] 段海滨. 蚁群算法原理及其应用. 北京: 科学出版社, 2006: 26-29.

[177] Afshar M H. Improving the efficiency of ant algorithms using adaptive refinement: Application to storm water network design. Advances in Water Resources, 2006, (29): 1371-1382.

[178] Dorigo M, Stutzle. Chapter 8-Ant Colony Optimization: overview and recent advances, 227-263. In Gendreau M, Potvin J Y (eds.), Handbook of Metaheuristics, International Series in Operations Research & Management Science 146, Springer Science+Business Media, LLC 2010.

[179] 焦李成, 尚荣华, 马文萍, 等. 多目标优化免疫算法、理论和应用. 北京: 科学出版社, 2010: 3-9.

[180] Raju K S, Duckstein L. Multiobjective fuzzy linear programming for sustainable irrigation planning: an Indian case study. Soft Computing 2003, (7): 412-418.

[181] 彭世彰, 王莹, 陈芸. 灌区灌溉用水时空优化配置方法. 排灌机械工程学报, 2013, 31(3): 259-264.

[182] 魏静萱. 解决单目标和多目标优化问题的进化算法. 西安: 西安电子科技大学, 2009.

[183] 张智韬, 刘俊民, 陈俊英, 等. 基于遥感和蚁群算法的多目标种植结构优化. 排灌机械工程学报, 2011, 29(2): 149-154.

[184] Zadeh L. Optimality and non-scalar-valued performance criteria. IEEE Transactions on Automatic Control, 1963, 8(59): 59-60.

[185] 刘桂萍. 基于微型遗传算法的多目标优化方法及应用研究. 长沙: 湖南大学, 2007.

[186] 刘麟. 基于粒子群算法的多目标函数优化问题研究. 武汉: 武汉理工大学, 2005.

[187] 张新华, 袁文兵. 山东省低山丘陵区冬小麦节水灌溉模式的研究. 喷灌技术, 1995, (2): 45-52.

[188] 张新华, 肖俊夫, 刘战东, 等. 中国玉米需水量与需水规律研究. 玉米科学, 2008, 16(4): 21-25.

[189] 涂琴. 低能耗多功能轻小型移动式喷灌机组优化设计与试验研究. 镇江: 江苏大学, 2014.

[190] 李红, 陈超, 袁寿其, 等. 中国轻小型喷灌机组现状及发展建议. 排灌机械工程学报, 2015, 33(4): 356-361.

[191] 袁寿其, 李红, 王新坤. 中国节水灌溉装备发展现状、问题、趋势与建议. 排灌机械工程学报, 2015, 33(1): 78-92.

索　　引